インプレスR&D ［NextPublishing］ 技術の泉 SERIES
E-Book / Print Book

PythonでGUIをつくろう

浅野 一雄　著

はじめての **Qt for Python**

impress R&D
An impress Group Company

**GUIアプリも
Pythonで作ってみよう！**

目次

はじめに ･･･ 4

サンプルコード ･･･ 4

ツイート ･･･ 4

免責事項 ･･･ 4

表記関係について ･･･ 5

底本について ･･･ 5

第1章　Qt for Python とは ･･ 6

1.1　Qt について ･･ 6

1.2　Python のバインディングである Qt for Python ･･･････････････ 6

1.3　Qt で作成できる GUI フレームワークについて ･･･････････････ 7

　　1.3.1　Qt Widgets について ･･ 7

　　1.3.2　Qt Quick について ･･ 7

第2章　Python と Qt 開発環境のセットアップ ･･････････････････････ 8

2.1　Qt for Python の使用要件 ･･ 8

2.2　開発環境を整える ･･ 8

　　2.2.1　Python 仮想環境の構築 ･････････････････････････････････････ 8

　　2.2.2　Python 統合開発環境の構築 ･･･････････････････････････････ 10

　　2.2.3　GUI 作成 Tool の構築 ･･･････････････････････････････････････ 12

第3章　Qt for Python の導入 ･･･ 15

3.1　Anaconda での仮想環境の構築 ･･･････････････････････････････････ 15

3.2　Qt for Python のインストール ･･････････････････････････････････ 16

3.3　PyCharm を使用して PySide のバージョンを表示する。 ･････ 17

　　3.3.1　プロジェクトの作成 ･･･ 17

　　3.3.2　プロジェクトパスの設定と Python インタープリターの選択 ･････ 18

　　3.3.3　Python ファイルの追加 ･････････････････････････････････････ 19

　　3.3.4　バージョン情報の表示するコードの作成 ･･･････････････････ 20

　　3.3.5　実行してバージョンを表示させる ･･･････････････････････････ 20

第4章　画面の作成 ･･･ 22

4.1　Qt Creator を使ってみる ･･ 22

　　4.1.1　Qt Creator の起動 ･･･ 22

　　4.1.2　テンプレートの選択 ･･･ 23

　　4.1.3　プロジェクトパス ･･ 23

　　4.1.4　プロジェクトの構成 ･･･ 24

　　4.1.5　プロジェクト管理 ･･ 24

　　4.1.6　プロジェクト作成後の初期画面 ･････････････････････････････ 25

　　4.1.7　UI の簡易プレビュー機能 ･･････････････････････････････････ 25

4.2	QML 記法の基礎	26
	4.2.1 使用する QML タイプに応じた import 文	27
	4.2.2 QML オブジェクト・タイプの定義	28
	4.2.3 QML タイプで使用されるプロパティー	29
	4.2.4 Qt Quick を使用したロジックとデザインの切り分け	30
4.3	Qt Creator デザインモードを使ってみる	33
	4.3.1 デザインモードの機能	34
	4.3.2 使用するモジュールのインポート	35
	4.3.3 コンポーネントの配置	35
	4.3.4 QML オブジェクト毎のプロパティー設定	36
	4.3.5 レイアウトについて	38
	4.3.6 コンポーネント間の状態変化の通知	41

第5章 Python での GUI 制御 · · · · · 45

5.1	Qt for Python で Hello World を表示	45
	5.1.1 PyCham でプロジェクト作成	45
	5.1.2 helloworld.py ファイルの作成	45
	5.1.3 helloworld.py の実行	47
5.2	Python と QML との連携	48
	5.2.1 QML から Python へアクセスする連携方法	48
	5.2.2 Python のクラスを QML で使用できる連携方法	52
5.3	画面のスタイルについて	56
	5.3.1 Qt Creator のデザインモードでのスタイル適用方法	59
	5.3.2 Python 側から起動するアプリケーションでのスタイル変更方法	60
	5.3.3 QtQucik コンフィグレーションファイルについて	61
	5.3.4 代表的な設定一覧	62
	5.3.5 Universal、Material の Light/Dark テーマ	62

第6章 GUI アプリケーションの作成 · · · · · 64

6.1	作成するアプリケーションの画面と構成	64
	6.1.1 画面構成	64
	6.1.2 Python〜QML 間データの流れ	65
6.2	画面の作成	66
	6.2.1 Qt Quick QML オブジェクトパーツ配置とレイアウト方法	66
	6.2.2 ボタン等のオブジェクトイベントの通知	81
	6.2.3 画面切り替えアニメーションの設定	87
	6.2.4 独自の画面パートである円状プログレスバーの作成	92
	6.2.5 Qt Quick での Window 制御	105
	6.2.6 画面作成のまとめ	108
6.3	Python におけるコード作成	108
	6.3.1 QML ファイルのロードの仕方を変更する	108
	6.3.2 QML 側から Python で参照するクラスを作成する	109
6.4	まとめ	116

はじめに

本書を手に取って頂けたということは、おそらくPythonもしくはQtに興味を持って頂けた方だと思います。

Pythonは、**Stack Overflow (スタック・オーバーフロー)** の2018年開発者調査結果[1]で、SwiftやJavaを抜いて"もっとも好きな言語"のランキングで3位に位置づけられているように、とても人気がある言語です。

「時代は、Pythonだ！Love Python！Viva Python！」

と、新たに学ぼうとする人も大勢存在する言語だと感じています。筆者もその一人です。

ただ、意気込んで飛び込んでみたものの、インタープリターやコンソールでの出力しか使用できておらず、ちょっとしたGUIアプリが簡単に開発できたらなぁ、と思ったことがあり、これが本書を執筆するきっかけとなりました。 本書で使用している**Qt for Python**は、最近あらたに追加されたパッケージではあるものの、非常に安定して使えるレベルになっており安心して開発に使用することができます。さらに、これを機に**Qt**に対しても興味を持ってもらえたらと思います。

本書が皆さんの開発の助けとなり、日々のプログラミングを楽しむきっかけとして活用できれば幸いです。

サンプルコード

本書のサンプル ソースコードは、次のURLから取得することが可能です。

・https://github.com/KazuoASANO/ird_make_gui_in_python_with_qt

ツイート

できるかぎり内容に万全を期して作成しましたが、ご不審な点や誤りなどお気づきの点がありましたら、Twitterにて、ハッシュタグ**「#qtjp」**をつけてつぶやいてもらうと、ひょっとしたら筆者が見る場合があります。

免責事項

本書に記載された内容は、情報の提供のみを目的としています。したがって、本書を用いた開発、製作、運用は、必ずご自身の責任と判断によって行ってください。これらの情報による開発、製作、運用の結果について、筆者はいかなる責任も負いません。

1.stackoverflow Developer Survey Results 2018 : https://insights.stackoverflow.com/survey/2018#technology-most-loved-dreaded-and-wanted-languages

表記関係について

本書に記載されている会社名、製品名などは、一般に各社の登録商標または商標、商品名です。会社名、製品名については、本文中では©、®、™マークなどは表示していません。

底本について

本書籍は、技術系同人誌即売会「技術書典5」で頒布されたものを底本としています。

第1章　Qt for Pythonとは

|||||||||||||||||||||||||||||||||||||||||||||||||||||||||||||||||||||||||||||||||||||||||||||||||||||||||||||||||||||||||||||||||||
Qt for Pythonを知っていますか？本章では、まずQtについて知り、Qt公式のPythonバインディングとなったQt for Python
の概要について紹介します。少しずつ、GUIアプリケーションに世界に足を踏み入れてみましょう。
|||||||||||||||||||||||||||||||||||||||||||||||||||||||||||||||||||||||||||||||||||||||||||||||||||||||||||||||||||||||||||||||||||

1.1　Qtについて

Qt (キュート) とは、クロスプラットフォームのアプリケーションフレームワークです。**GUI (グ
ラフィカルユーザーインターフェイス)** などさまざまな機能を提供してくれるライブラリーを含ん
だ、C++開発フレームワークです。本書執筆時点のバージョンは、Qt5.11.2です[1]。

C++で書かれているフレームワークであるものの、Ruby、Python、Perlなどから使用できるよ
うに、さまざまな言語バインディングのAPIがオープンソース等で提供されています。

本書ではPythonで使用できるQt for Pythonについて説明します。

1.2　PythonのバインディングであるQt for Python

QtのPythonのバインディングといえば、Riverbank Computing社が開発を進めているPyQtや、
Qtのフレームワークの開発元であるThe Qt Company[2]がサポートしているPySideが知られてい
ます。

しかし、PySideは開発元でのライブラリーであるものの、Qtのメジャーバージョンである Qt5 シ
リーズのサポートが十分にできておらず、長い間開発が止まったままでした[3]。

Qt for Pythonは、Qt5シリーズをサポートする最初のリリースとして、2018年6月に発表されまし
た。2018年5月にリリースされたQt5.11のバージョン以降をサポートし、当初の位置づけはTechnical
Preview版となっていました。2018年12月に公開されたQt 5.12以降ではTechnical Preview版では
なく、正式リリース版として公開されています。

このような経緯もあり、Qt5シリーズをサポートしていないPySideは

・"PySide" もしくは "PySide1"

と呼ばれ、Qt for PythonとしてQt5シリーズをサポートしたものを

・"PySide2"

1.Qt 5.11.2 Released：http://blog.qt.io/blog/2018/09/20/qt-5-11-2-released/

2.The Qt Company 会社概要：https://www.qt.io/company

3.Mailinglist:Bringing pyside back to Qt Project: https://groups.google.com/forum/#!topic/pyside-dev/pqwzngAGLWE

とされています。

今後、公式にサポートされ Qt パッケージの一部になる Qt for Python について本書を通じて、いち早く使っていきましょう。

1.3　Qtで作成できるGUIフレームワークについて

Qt を使用した GUI を作成する場合、Qt Widgets と Qt Quick といったふたつの開発手法があります。表1.1がふたつの開発手法の違いです。

表 1.1: GUI の開発手法

GUI 開発手法	UI 作成 Tool	記述言語	拡張子
Qt Widgets	Qt Designer	XML（ただし UI 作成 Tool が自動生成）	.ui
Qt Quick	Qt Quick Designer	QML	.qml

1.3.1　Qt Widgetsについて

Qt Widgets は、従来の Qt からある開発手法であり、古典的なデスクトップスタイル UI 要素のセットのみが提供されているモジュールです[4]。

1.3.2　Qt Quickについて

Qt Quick は、**QML (Qt Meta-Object Language)** 言語という UI を記述するプログラミング言語を使って、UI を作成できるモジュールです。QML 言語は CSS に似たシンタックスを持ち、宣言的な JSON 風の構文で UI を記述できます。またロジックの記述には JavaScript を使うこともできます。

Android で使用されているマテリアルデザインのような、ビジュアル GUI を作成する UI 要素のセットが提供されており、簡単にユーザー動作に対してアニメーション化された UI オブジェクトを作成することができます[5]。

本書では、この Qt Quick を使用した GUI を作成していきます。

4.Qt Documentation - Qt Widgets :https://doc.qt.io/qt-5.11/qtwidgets-index.html

5.Qt Documentation - Qt Quick :https://doc.qt.io/qt-5.11/qtquick-index.html

第2章 PythonとQt開発環境のセットアップ

|||||||||||||||||||||||||||||||||||||||||||||||||||||||||||||||||||||||||||||||||||||||||||||||||||||||||||||||||||||||||||||
この章では、Qt for Python を使って GUI を作成するための開発環境を整えましょう。Qt for Python を使用する上で必要な
Qt での GUI 作成環境の構築方法に加え、Python の統合開発環境の構築も紹介します。
|||||||||||||||||||||||||||||||||||||||||||||||||||||||||||||||||||||||||||||||||||||||||||||||||||||||||||||||||||||||||||||

2.1 Qt for Pythonの使用要件

Qt for Python を使用するための要件は、Python のバージョンを含めて、次のとおりになります[1]。
・Windows
　—Python 3.5 以上（Windows の場合、Python 2 系はサポートされていません）
・MacOS
　—Python 3.6 または、2.7
・Linux
　—Python 3.5 以上 または、2.7
この為、本書では全てのプラットフォーム環境で対応できるように Python 3.6 を対象として環境構築をします。

2.2 開発環境を整える

Python を使用した GUI アプリの開発にあたって、次の開発環境の構築が必要になります。
・Python 仮想環境
・Python 統合開発環境
・GUI 作成 Tool
それぞれの開発環境に必要な Tool のインストールをしていきましょう。

2.2.1 Python仮想環境の構築

Python を使用するにあたり、MacOS ならびに Linux の場合は System 上であらかじめ Python が導入されています。しかし、System の Python はバージョンが古かったり、システム上重要なシステムに依存していることから、仮想環境の導入をお薦めします。
本書では、Python 言語用のディストリビューション **Anaconda (アナコンダ)** を使用します。
Anaconda は次の機能を提供しています。

1.Qt Wiki - Qt for Python/GettingStarted：https://wiki.qt.io/Qt_for_Python/GettingStarted

・複数のPythonバージョンの切り替え／環境分離

・各環境でのPythonインタープリターの使用

・パッケージ管理システムのconda

2.2.1.1　Anacondaのインストール

　Anacondaをダウンロードするには、まず次のURLをWebブラウザーで開いてください。

・https://www.anaconda.com/

図2.1: Anaconda Topページ

図2.2: Anaconda ダウンロードページ

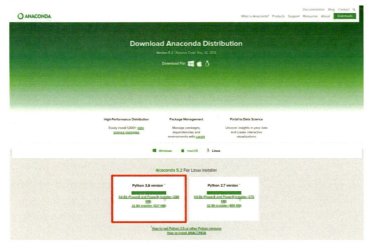

　図2.1の画面が開いたら、ダウンロードボタンをクリックします。すると図2.2のように各OS用のインストーラーダウンロードのページが開くので、Python 3.6 versionを選択してインストーラーをダウンロードします。

・Windows - exe形式のインストーラー

・macOS - pkg形式のインストーラー

・Linux - シェルスクリプト（sh）形式のインストーラー

それぞれがダウンロードできますので、環境に応じてインストールしてください。

参考として、linuxの場合のインストール方法を説明します。

コンソール上ですぐに起動ができるように、リスト2.1のように~/.bachrcにAnacondaまでのPathを記述しておきましょう。

リスト2.1: ~/.bachrcへの記述

```
# added anaconda path
export PATH="${PATH_TO_INSTALL_DIRECTORY}/anaconda3/bin:$PATH"

※ ${PATH_TO_INSTALL_DIRECTORY}は、インストール先のディレクトリパスを設定します。
```

Pathが正常に通っているか確認してみましょう。次のように、sourceコマンドにて変更した.bachrcを反映させた後、pycharm.shコマンドを実行して、Anaconda Nsvigatorが起動するか確認をしてみてください。

```
$ source ~/.bashrc
$ anaconda-navigator
```

2.2.2　Python統合開発環境の構築

Pythonでの開発は、テキストエディタでも進められますが、**IDE (統合開発環境)** を導入することにより、開発を進める際に次の機能を利用できます。

・コード補完機能

・コード解析機能

・GUIでのデバッガ機能

・シームレスなバージョン管理システムの使用

本書では、**JetBrains, s.r.o. (ジェットブレインズ)**[2]が提供しているPyCharmを使用します。

Pycharmは、Androidアプリケーション開発に使用されているAndroid Studioで採用されているJetBrains, s.r.o.のIntelliJ IDEAがベースとなっているIDEであり、Python開発に特化されたIDEです。

有償版であるProfessional Editionと、コミュニティー版として無償で公開されているオープンソース版（Apache 2.0ライセンス）があります。

本書では、コミュニティー版のPyCharm Community Editionを使用します。

2.2.2.1　Pycharmのインストール

PyCharm Community EditionをダウンロードするにはＵＲＬ、まず次のURLをWebブラウザーで開いてください。

2.JetBrains, s.r.o. 会社概要 : https://resources.jetbrains.com/storage/products/jetbrains/docs/jetbrains_corporate_overview.pdf

10　　第2章　PythonとQt開発環境のセットアップ

・https://www.jetbrains.com/pycharm/

図2.3: Pycharm Topページ1

図2.4: Pycharm ダウンロードページ

図2.3の画面が開いたらダウンロードボタンをクリックします。すると図2.4のように各OSのインストーラーダウンロードのページが開くのでPython 3.6 versionを選択してインストーラーをダウンロードします。

・Windows - exe形式のインストーラー
・macOS - dmg形式のインストーラー
・Linux - tar.gz形式の圧縮ファイル

それぞれがダウンロードできますので、環境に応じてインストールをしてください

参考として、linuxの場合でのインストール方法を説明します。

まずtar.gz形式の圧縮ファイルを解凍します。次のようにコマンドを実行して、ホームディレクトリーに展開します。

```
$ tar xvzf ${PATH_TO_DOWNLOADS}/pycharm-community-2018.1.4.tar.gz -C ~

※ ${PATH_TO_DOWNLOADS}は、ダウンロード先のディレクトリパスを設定します。
```

解凍したディレクトリー先のbinディレクトリーにある、pycharm.shを実行することにより、Pycharmを起動できます。コンソール上ですぐに起動ができるよう、リスト2.2のように~/.bachrc

にPycharmまでのPathを記述しておきましょう。

リスト2.2: ~/.bachrcへの記述

```
# added Pycharm path
export PATH="${PATH_TO_INSTALL_DIRECTORY}/pycharm-community-2018.1.4/bin:$PATH"

※ ${PATH_TO_INSTALL_DIRECTORY}は、インストール先のディレクトリパスを設定します。
```

　Pathが正常に通っているか確認してみましょう。次のように、sourceコマンドにて変更した.bachrc
を反映させた後、pycharm.shコマンド実行して、Pycharmが起動するか確認をしてみてください。

```
$ source ~/.bashrc
$ pycharm.sh
```

Pycharm設定ファイルの保存場所

　デフォルトでPycharmの設定データ等は、各ユーザーのホームディレクトリー直下に次のディレクトリー名で保存
されています。ここでは、Linuxの場合の保存場所について説明します。

```
~/.PyCharmCE2018.1
```

　各ディレクトリーは次の内容です。

設定ファイル
```
~/.PyCharmCE2018.1/config
```

Pycharmで使用しているSystem dataやcache
```
~/.PyCharmCE2018.1/system
```

　Pycharmの設定データのバックアップを取る時の参考として覚えておきましょう。

2.2.3　GUI作成Toolの構築

　ここでは、The Qt Company[3]が提供しているIDEのQt Creatorを使用します。
　前章の「1.3 Qtで作成できるGUIフレームワークについて」で説明したように、本書ではQt Quick
を使用してGUIを作成します。Qt Creatorは、Qtの開発に特化したIDEとなっています。
　Qt Creatorには、GUIでデザインしたものを、すぐにQt Quickの開発言語であるQMLのソース

3.The Qt_Company 会社概要：https://www.qt.io/company

12　　第2章　PythonとQt開発環境のセットアップ

コードに反映できる Design Mode が搭載されており、直感的にアプリケーションのGUI作成が可能です。

Qt Creator が同梱されている Qt ライブラリーも、有償版である Commercial 版と、コミュニティー版として無償で公開されている Open Source 版（(L) GPL v3 ライセンス）があります。

本書では、Qt Online インストーラーに同梱されているコミュニティー版の Qt Creator を使用します。

2.2.3.1　Qt環境のインストール

Qt環境をダウンロードするには、まず次のURLをWebブラウザーで開いてください。

・https://www.qt.io/

図 2.5: Qt Top ページ 1

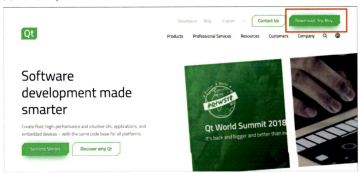

図 2.6: Qt ダウンロードページ

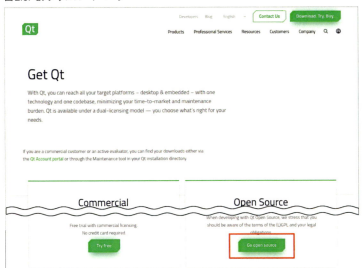

図2.5の画面が開いたら「Download. Try. Buy.」ボタンをクリックします。すると図2.6から、「Go open source」を選択します。各OSのインストーラーダウンロードのページが開くのでダウンロー

ドボタンを押して、ダウンロードします。

・Windows - exe形式のインストーラー

・macOS - dmg形式のインストーラー

・Linux - run形式のインストーラー

これらのOnlineインストーラーがダウンロードできますので、それぞれの環境に応じてインストールをしてください

第3章　Qt for Pythonの導入

Pythonの開発環境を整えることはできましたか？本章では一歩進めてPythonの仮想環境の構築と、Qt for Pythonの導入を行います。

3.1　Anacondaでの仮想環境の構築

　Qt for Pythonを実行させるため、Python 3.6環境の構築をAnacondaで進めます。

　まずAnaconda Navigatorを起動します。linuxの場合、次のコマンドを実行することにより起動させることができます。

```
$ anaconda-navigator
```

図3.1: Environments画面

　Anaconda Navigatorが起動したら、左側のカラムの「Environments」を選択してください。このメニューでは仮想環境一覧が表示され、デフォルトではrootのみが表示されています。

　下部にある「Create」ボタンを押すことにより仮想環境の生成ダイヤログが表示されます。

図 3.2: 仮想環境の生成

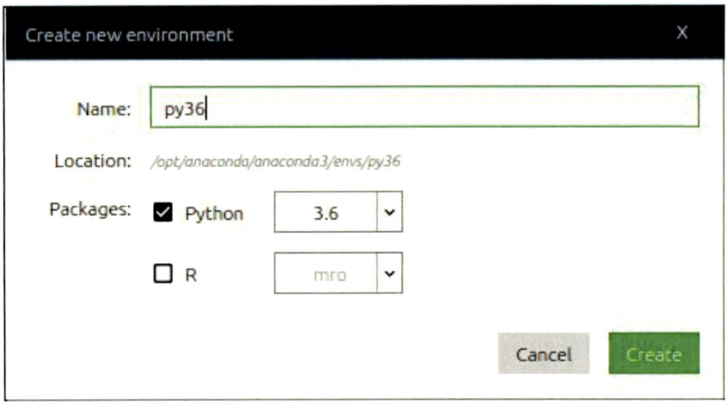

図3.2のように設定をしていきます。設定項目についての説明は表3.1のとおりです。

表 3.1: 仮想環境構築設定

項目	内容
Name	仮想環境の名前です。
Location	後ほどPyCharmでのPython動作環境設定に必要になりますので控えておいてください
Packages	Pythonのバージョンを指定します。Pythonにチェックを入れ、バージョンはQt for Pythonが使用できる3.6を選択してください。

3.2　Qt for Pythonのインストール

作成した仮想環境に、Qt for Pythonをインストールします。

Anaconda Navigator上で、仮想環境の名前の横にある三角のボタンをクリックし、メニューから「Open Terminal」を選択します。

図 3.3: ターミナルを開く

Anaconda Navigatorからコマンドプロンプトが起動します。

現在は、**PyPI (Python Package Index)** からのインストールが可能となっています[1]。次のコマンドにより、pipでQt for PythonのPySide2モジュールを取得することができます。

```
$ pip install PySide2
```

インストールが完了したら、次のコマンドにてPySide2が導入されていることを確認しましょう。

```
$ pip list
```

本書執筆時点でのPySide2のバージョンは、図3.4のとおり5.11.1となっています。

図3.4: インストールされたパッケージ一覧

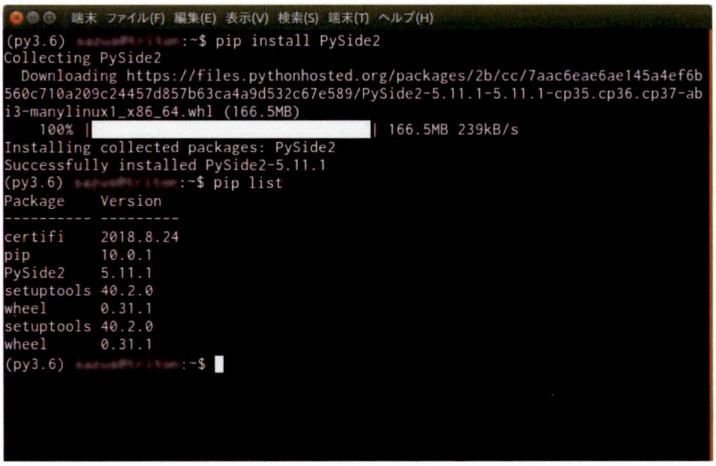

3.3　PyCharmを使用してPySideのバージョンを表示する。

PyCharmの使い方を知るために、PythonにてPySideのバージョンを表示する簡単なコードを書いてみましょう。

3.3.1　プロジェクトの作成

PyCharmを起動し、スタート画面で「Create New Project」を選択して新しいプロジェクトを作成します。

1.http://blog.qt.io/blog/2018/07/17/qt-python-available-pypi/

第3章　Qt for Pythonの導入 　17

図3.5: PyCharm スタート画面

3.3.2 プロジェクトパスの設定とPythonインタープリターの選択

プロジェクトの作成（図3.6）では、プロジェクト名とパスの設定ならびに使用するPythonのインタープリターを設定します。

「Location:」には、作成するプロジェクト名のディレクトリーを絶対パスで作成します。今回ははじめてのプロジェクト作成のため、インタープリターが設定されていません。「Existing interpreter」にチェックを入れて、「Interpreter:」右側の「...」をクリックしてください。

図3.6: 新しいプロジェクトの作成

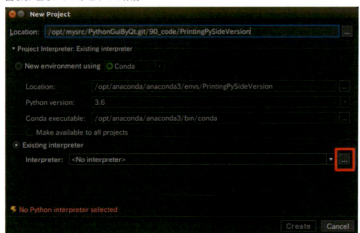

Add Python Interpreter 画面（図3.7）が開いたら、左メニューの「Virturalenv Environment」を選択します。設定欄の「Interpreter:」の右側にある「...」をクリックして、「3.1 Anaconda での仮想環境の構築」の仮想環境生成時に控えておいた「Location:」のパスディレクトリー以下のbin/pythonを指定してください。

図 3.7: Add Python Interpreter 画面

　設定後、「OK」ボタンを押しプロジェクトの作成に戻ると、先ほど指定した Python Interpreter が設定された状態となり、プロジェクトの作成が完了します。

3.3.3　Python ファイルの追加

　プロジェクトが作成した直後は、コードを書くためのファイルが生成されていません。ツールウィンドウの「Project」に表示されているプロジェクト名を右クリックし、main.py という名前で Python ファイルを追加します。

図 3.8: プロジェクトへ Python ファイル追加

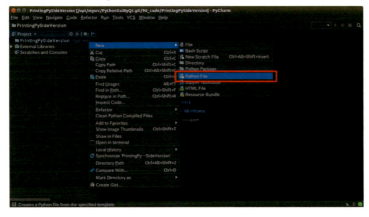

図 3.9: main.py 追加

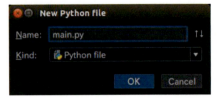

3.3.4 バージョン情報の表示するコードの作成

作成したmain.pyに次のようにコードを追加していきます。（リスト3.1）

リスト3.1: main.pyのコード

```
 1: # PySideバインディングに使用したQtのバージョン表示の為に、
 2: # PySide2.QtCoreをimport
 3: import PySide2.QtCore
 4:
 5:
 6: # PySide2 Versionの表示
 7: print('PySide2 version : {0}'.format(PySide2.__version__))
 8:
 9: # PySideバインディングに使用したQtのバージョン表示
10: print('Qt version used to compile PySide2 : {0}'
11:       .format(PySide2.QtCore.__version__))
```

3.3.5 実行してバージョンを表示させる

作成したPythonのコードを実行してみましょう。実行するコードを右クリックし、「Run」を選択するか"Ctrl + Shift + F10"により実行をさせることができます。

図3.10: main.py の実行

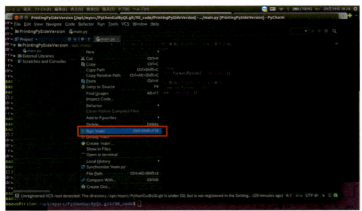

どうでしょうか、次の図（図3.11）のような実行結果になったでしょうか？

図3.11: main.py の実行結果

第3章 Qt for Python の導入

第4章 画面の作成

本章では、Qt Quickモジュールを使用した画面の作成について説明します。
Qt Quickモジュールは、QMLアプリケーションを作成するための標準ライブラリーであり、QMLでユーザーインターフェースを作成するために必要で基本的な機能を提供しています。
まずGUI作成Toolとして使用するQt Creatorの使い方を学びながら、画面を動作させることに必要な仕組みについて理解していきましょう。

4.1 Qt Creatorを使ってみる

本節では、Qt for Pythonで使用できるGUIを作成するために、必要なQt QuickのGUI作成をQt Creatorで行います。

4.1.1 Qt Creatorの起動

Qt Creatorを起動し、左部のモードセレクタの中から[1]「ようこそ」を選択します。ようこそ画面の[2]「プロジェクト」を選択することにより、プロジェクト生成画面に切り替わります。
次に「+ 新しいプロジェクト」[3]を選択します。

図4.1: ようこそ画面

22　第4章　画面の作成

4.1.2 テンプレートの選択

プロジェクトの作成の前に、テンプレートの選択から始まります。今回はQt for Pythonを使用してGUIを表示するので、

「他のプロジェクト」 - 「Qt Quick UI Prototype」を選択します。

図 4.2: 新しいプロジェクト画面

4.1.3 プロジェクトパス

プロジェクト名と配置するパスを絶対パスで指定します。設定することにより、指定したパスのディレクトリーにプロジェクト名のディレクトリーが生成されます。

図 4.3: プロジェクトパス画面

4.1.4 プロジェクトの構成

プロジェクトで使用できる最小で必要な Qt バージョンを選択します。QML ファイルのインポートできるモジュールは、Qt バージョンに依存して大きく変わります。Qt のバージョンが高ければ高いほど、さまざまなモジュールが使用できるようになっています。

本書では、PyPI でインストールした PySide2 バージョンである「Qt 5.11」を選択することにします。

図 4.4: プロジェクトの詳細定義画面

4.1.5 プロジェクト管理

この設定画面で、新しく作成するプロジェクトファイル一式をバージョン管理システムに追加することができます。

図 4.5: プロジェクト管理画面

4.1.6 プロジェクト作成後の初期画面

プロジェクト作成直後、「プロジェクト名＋.qml」ファイルを表示した状態でプロジェクトが開始されます。

図 4.6: プロジェクト作成 初期状態画面

4.1.7 UIの簡易プレビュー機能

Qt Quickには、作成したQMLデータをアプリケーションを起動せず簡易表示できるプロトタイピング機能があります。

プロジェクト覧から、表示確認したいQMLファイルを選択し、
「ツール（T）」→「外部（E）」→「Qt Quick」→「Qt Quick 2 プレビュー（qmlscene）」
で表示させることができます。

図 4.7: QMLプレビュー表示方法

第4章 画面の作成 | 25

図 4.8: QML プレビュー表示

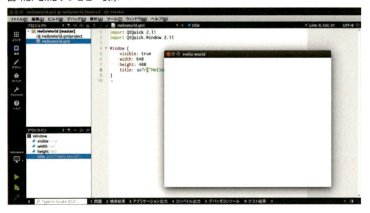

このプレビュー機能は、qmlsceneの機能で実現されています。Qt Creatorでは、次のように qmlsceneを参照しています。

モジュールのimport
```
%{CurrentProject:QT_INSTALL_BINS}/qmlscene
```

「プロジェクトの構成」で選択された「最小必要Qtバージョン」によっては表示可能なQMLモジュールが変わります。意図どおりに表示されない場合は、左部のモードセレクタの中から「プロジェクト」を選択して、「Build & run」から適切なQtバージョンを選択してください。

バージョンの選択は、「Build & Run」のリストをダブルクリックします。筆者の環境では、"Desktop Qt 5.11.0 GCC 64bit" が選択されています（図4.9）。

図 4.9: 使用するQtバージョンの選択

4.2 QML記法の基礎

プロジェクトの初期ファイルを使用して、QMLファイル記法の基礎を解説します。リスト4.1がコメントを付加した初期ファイルです。

リスト4.1: HelloWorld.qml の初期状態

```
 1: // 使用するQMLタイプに応じたimport文
 2: import QtQuick 2.11
 3: import QtQuick.Window 2.11
 4:
 5: // QMLオブジェクト・タイプの定義
 6: Window {
 7:     visible: true      // QMLタイプで使用されるプロパティー - [4.2.3 参照]
 8:     width: 640
 9:     height: 480
10:     title: qsTr("Hello World")
11: }
```

4.2.1 使用するQMLタイプに応じたimport文

QMLではPythonと同じように、コード内で必要なモジュールをimport文で記述します。インポートできるのは次の4つです。

1. Qtライブラリーとして使用可能なQMLモジュール
2. QMLモジュールを別の名前空間として使用
3. 異なるディレクトリーのQMLモジュールを参照する相対ディレクトリー定義
4. JavaScriptファイル

4.2.1.1 Qtライブラリーとして使用可能なQMLモジュール

各QMLタイプに対するモジュール名に関しては、種類が多いためQt DocumentationのAll QML Modules[1]を参照してください。

モジュールの import

```
import <モジュール名> <メジャーバージョン>.<マイナーバージョン>
例) import QtQuick.Controls 2.4
```

4.2.1.2 QMLモジュールを別の名前空間として使用

QMLモジュールによっては、**シングルトンモジュール (インスタンスがひとつしか生成されないことを保証するモジュール)** があります。複数のシングルトンモジュールを使用する場合に、それぞれ別名をつけて管理する時につかわれます。一般的に、別名をつける場合でも先頭の文字は大文字で記述します。

1.http://doc.qt.io/qt-5/modules-qml.html

第4章 画面の作成 | 27

モジュールの別名import

```
import <モジュール名> <メジャーバージョン>.<マイナーバージョン> as <モジュール別名>
例) import QtQuick.LocalStorage 2.0 as Database
```

4.2.1.3　異なるディレクトリーのQMLモジュールを参照する相対ディレクトリー定義

　QMLファイルで、同じディレクトリーの他のQMLモジュールを参照する場合はimport文は不要ですが、異なるディレクトリーから参照する場合には、相対パスでディレクトリー名を指定する必要があります。

ディレクトリー参照import

```
import "<相対ディレクトリー>"
例) import "../PrivateQMLModules/"
```

4.2.1.4　JavaScriptファイル

　QMLファイル内部では、処理をJavaScriptでも使用することが可能です。共通で使うような内容は関数化して、別のファイルにまとめて参照することができるようになっています。

JavaScript参照import

```
import "<JavaScriptファイル名>"
例) import "user.js"
```

```
import "<JavaScriptファイル名>" as <スクリプト識別子>
例) import "user.js" as UserJs
```

4.2.2　QMLオブジェクト・タイプの定義

　QMLでは、画面を構成するボタンやText等のオブジェクトをオブジェクト型の名前の後に**中括弧 ({ })** としてセットする記法になっています。

　またQMLオブジェクトは、オブジェクトの中括弧内に子のオブジェクトとして入れ子として設定することができ、ツリー上で定義することができます。

QMLオブジェクト・Typeの定義

```
<QMLタイプ> {

    <子QMLタイプ> {

    }
}
```

28 | 第4章　画面の作成

```
例)
// 新しいTopレベルWindowを生成する、Window QML Type
// See Document : http://doc.qt.io/qt-5/qml-qtquick-window-window.html
Window {

    // Window QML Typeの子として生成するText QML Type
    // 文字列を表示する
    Text {
        // Text QML Typeのプロパティー 表示文字列
        text : "Sample by Qt for Python"
    }
}
```

4.2.3　QMLタイプで使用されるプロパティー

　オブジェクトの設定値プロパティーを、中括弧内に定義することができます。プロパティーの記法は、次のようになっています。

QMLオブジェクト・プロパティー記法

```
＜QMLタイプのプロパティー＞ : ＜プロパティーに設定する値＞
例) width: 640
```

　また、オブジェクトの設定値プロパティーは複数定義することもできます。

QMLオブジェクト・プロパティー複数定義

```
＜QMLタイプ＞ {
    ＜QMLタイプのプロパティー＞ : ＜プロパティーに設定する値＞
    ＜QMLタイプのプロパティー＞ : ＜プロパティーに設定する値＞
    ・・・・

    ＜子QMLタイプ＞ {
        ＜子QMLタイプのプロパティー＞ : ＜プロパティーに設定する値＞
        ＜子QMLタイプのプロパティー＞ : ＜プロパティーに設定する値＞
        ・・・・

    }
}

例)
Window {
    width: 640      // Window QML Typeのプロパティー Windowの幅サイズ
```

```
    height: 480    // Window QML Typeのプロパティー Windowの高さサイズ


    Text {
        color: "#FF0000"        // Text QML Typeのプロパティー 文字色（赤）
        text : "Red String"     // Text QML Typeのプロパティー 表示文字列

    }
}
```

4.2.4 Qt Quickを使用したロジックとデザインの切り分け

「4.2.1 使用するQMLタイプに応じたimport文」項で説明したようにQMLでは、GUIのオブジェクトである宣言型のコードと、JavaScriptのような命令型のコードを同時に使用することが可能です。

これにより、Qt CreatorにてGUIを作成する場合には宣言型のオブジェクトのみを作成し、命令型のロジックは別のコードとして分離させる必要がでてきました。

現在では、blog.qt.ioで投稿された「提案:Qt Quick デザイナーのワークフロー」[2]にあるように、

・拡張子 .ui.qml で終わるQMLのサブセットを、Qt Creatorで使用するQt Quickデザイナーで編集するUIフォームQMLファイル

・拡張子 .qml で終わるものを、実際の動作として命令型のコードを使用するQMLファイル

としています。

Qt Creator側の動作でも、拡張子 .ui.qmlを開くと自動でデザインモードとなり命令型コードを作成すると、次のようにwarnningが出るようになっています。

命令型コード作成時の warnning

Qt Quick UI フォームではJavaScriptブロックを使用できません。(M223)

それでは、Qt Quickデザイナーで編集可能なUIフォームのQMLファイルを作成していきます。先ほど使用したプロジェクトを使用して、UIフォームのQMLファイルを追加します。

プロジェクトコンテンツ覧のプロジェクトディレクトリーを右クリックし、「新しいファイルを追加...」を選択します。

2.https://blog.qt.io/jp/2011/08/09/proposal-qt-quick-designer-workflow/

図 4.10: 新しいファイルを追加

「Qt Quick UI ファイル」をテンプレートから選択します。

図 4.11: Qt Quick UI ファイルの選択

　クラスの定義では、UI ファイルで使用するコンポーネント名を設定します。コンポーネント名は、先頭文字を大文字にする必要があります。コンポーネント名を入力すると、自動で UI ファイルであるコンポーネントフォーム名も設定されます。

図 4.12: クラスの定義

作成されるファイル名は、
- コンポーネントファイル（命令型のコードを作成するQMLファイル）： ＜コンポーネント名＞.qml
- コンポーネントフォームファイル（UIフォームのQMLファイル）： ＜コンポーネント名＞+Form.ui.qml

になります。

今回、以前に作成したHelloWorld.qmlとコンポーネントファイルが同じ名前のため、既存ファイルの上書きダイアログが表示されますが、そのまま上書きします。

プロジェクトに登録後、初期状態では登録されたUIフォームのQMLファイルが選択されるのでデザインモードでの表示になります。

図 4.13: Qt Creator デザインモード

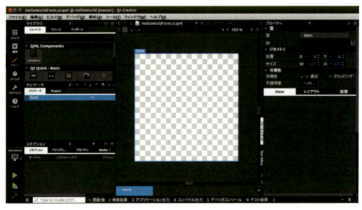

生成されたUIフォームとQMLオブジェクトの関係を図4.14に示します。

図 4.14: UI フォームと、QML オブジェクトの関係

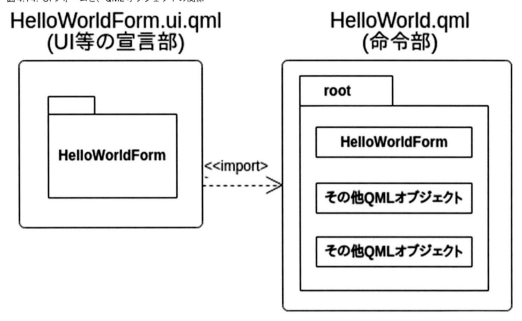

QML の場合、QML オブジェクト名は、".ui.qml" もしくは、".qml" を除いたファイル名が独自の QML タイプとして定義され使用可能となります。また、ファイル名の先頭文字は大文字である必要があります。

リスト 4.2: HelloWorldForm.ui.qml

```
1: import QtQuick 2.4
2:
3: Item {
4:     width: 400
5:     height: 400
6: }
```

リスト 4.3: HelloWorld.qml

```
1: import QtQuick 2.4
2:
3: // HelloWorldForm.ui.qml を、ユーザーが定義した
4: // QML タイプ HelloWorldForm として使用可能
5: HelloWorldForm {
6: }
```

4.3　Qt Creator デザインモードを使ってみる

「4.2.4 Qt Quick を使用したロジックとデザインの切り分け」の項で作成された UI ファイルを使用

して、デザインモードを使っていきましょう。

4.3.1 デザインモードの機能

デザインモードは、次のような機能を提供しています。

図 4.15: デザインモード機能

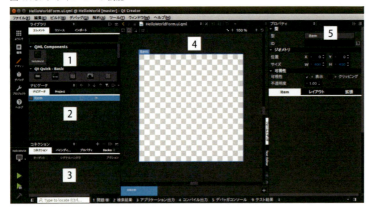

- [1] ライブラリ - アプリケーションの設計に使用できる機能を提供します。
  - エレメント：定義済みの QML タイプや、独自の QML コンポーネントを表示・選択できます。
  - リソース：画像等のリソースを選択できます。
  - インポート：インポートする代表的なモジュールを選択できます。
- [2] ナビゲータ - 現在の QML ファイルの項目やプロジェクトファイルをツリー構造で表示します。
  - ナビゲータ：選択された QML ファイルの QML オブジェクト項目をツリー構造で表示・選択できます。
  - Project：プロジェクトディレクトリーの QML ファイルを表示・選択できます。
- [3] コネクション - オブジェクト、およびオブジェクトプロパティー間を制御するための設定ができます。
  - コネクション：オブジェクト間の状態変化等の通知をする時に使用します。
  - バインディング：別のオブジェクトのプロパティーアクセスする時に使用します。
  - プロパティ：ユーザー独自のプロパティーを作成で使用します。
  - Backends：シングルトンでのバックエンドの作成で使用します。
- [4] キャンバス - QML コンポーネントを作成してアプリケーションを設計する作業領域です。
  - フォームエディタ：UI を設計するビジュアルエディタモードで使用します。
  - Text Editor：ビジュアルエディタによって生成された QML コードを編集するためにコードエディタとして使用します。
- [5] プロパティ - 選択した QML オブジェクト項目のプロパティーを GUI 上で設定します。現状では、全てのプロパティーが設定できるようになっていない為、必要に応じて [4] キャンバスのテキストエディタでプロパティーを作成・変更する必要があります。

4.3.2 使用するモジュールのインポート

新しいファイルを生成した状態では、ライブラリーのエレメント一覧には、「Qt Quick - Basic」として最低限のQMLオブジェクトしか表示されていません。[1]「ライブラリ」→「インポート」タブからQt Quick Controlsをインポートします[3]。

図4.16: Qtモジュールのインポート

[1]「ライブラリ」-「エレメント」タブを開いて確認してみましょう。図4.17のようにQt Quick Controls2が表示されていれば、正常にインポートできています。

図4.17: Qt Quick Controls2 オブジェクトの表示

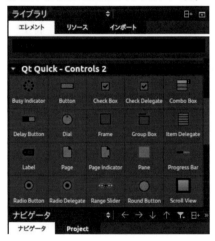

4.3.3 コンポーネントの配置

ちょっとしたコンポーネントを配置して、少しリッチなHellow WorldをしてみましょSう。次のQMLオブジェクトを配置します。

3.QML Modules の詳細については、Qt Documentation の Web ページを参照してください。All QML Modules：http://doc.qt.io/qt-5/modules-qml.html

- Label - "Hello"の文字を表示します。
- Label - "World"の文字を表示します。
- Button - ボタンを押すことにより、文字を変化させる機能で使用します。
- Image - 画像を表示します。

[1]「ライブラリ」→「エレメント」からQMLオブジェクトをマウスでクリックし、[4]「キャンバス」の任意の場所にドラッグ＆ドロップします。

図4.18: QMLオブジェクトの配置

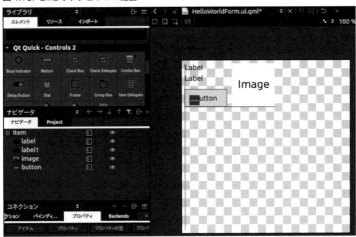

4.3.4 QMLオブジェクト毎のプロパティー設定

配置したQMLモジュールに、それぞれ表4.1のプロパティーを設定していきます。

表4.1: 各オブジェクト毎の設定プロパティー

QMLオブジェクト	設定プロパティー名	QMLプロパティー	設定値
Label	ID 整列（垂直方向） 整列（水平方向） テキスト	id verticalAlignment horizontalAlignment text	label_hello Text.AlignVCenter Text.AlignHCenter Hello
Label	ID 整列（垂直方向） 整列（水平方向） テキスト	id verticalAlignment horizontalAlignment text	label_World Text.AlignVCenter Text.AlignHCenter World
Button	ID テキスト	id text	button_change Change
Image	ID ソース	id source	image_QtChanQtChan.png

36　第4章　画面の作成

図 4.19: Hello 文字の Label プロパティー

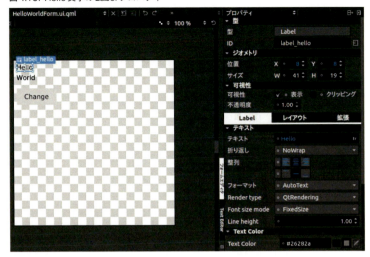

　図4.19は、Hello文字のLabelプロパティーを設定した状態です。ID以外のプロパティーの場合、デフォルト値から変更されている部分（プロパティーが追加された部分）は、プロパティーが青く変化して表示されます。QMLファイルの中身を見なくても、プロパティーの追加がデザインツール上で分かるようになっています。

　Imageオブジェクトに追加する画像については、[1]「ライブラリ」→「リソース」タブから表示に使用する画像を追加します。

図 4.20: Qt ちゃん画像追加

　ここまでに作成できたキャンバスの状態は図4.21のようになります。

図 4.21: プロパティーの設定

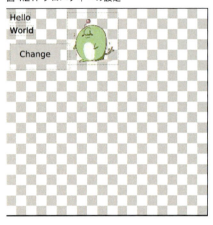

4.3.5 レイアウトについて

配置した QML モジュールのレイアウト設定をしていきます。

レイアウトの設定には、QML モジュールの QtQuick.Layouts を使用します。

QtQuick.Layouts の最新バージョンは、"QtQuick.Layouts 1.11" ですが、筆者が使用している Qt Creator 4.6.1 でのデザインモードでは、"QtQuick.Layouts 1.10" がインポートされます。

QtQuick.Layouts 1.10　QML タイプの種類は表 4.2 のとおりです。

表 4.2: QtQuick.Layouts 1.0 の QML タイプ

QML タイプ	説明
GridLayout	格子状にアイテムを動的に並べるときに使用します。
ColumnLayout	GridLayout と同じですが、列がひとつしかない状態です。アイテムを縦に並べるときに使用します。
RowLayout	GridLayout と同じですが、行がひとつしかない状態です。アイテムを横に並べるときに使用します。

QtQuick.Layouts 1.11 の場合、表 4.2 以外に QML タイプの種類に表 4.3 が追加されています。

表 4.3: QtQuick.Layouts 1.1 の QML タイプ

QML タイプ	説明
Layout	GridLayout、ColumnLayout、RowLayout に配置されたアイテム内のプロパティーとして使用します。
StackLayout	一度にひとつのアイテムしか表示されないアイテムのスタックのレイアウトとして使用します。

[2]「ナビゲータ」→「ナビゲータ」から QML オブジェクトのうち、Shift ボタンを押しながら Label と Buttonw を複数選択します。

次に右クリックし、「Layout in Column Layout」を選択します。レイアウトが設定されると同時に、QtQuick.Layouts がインポートされます。

図 4.22: Column レイアウトの配置

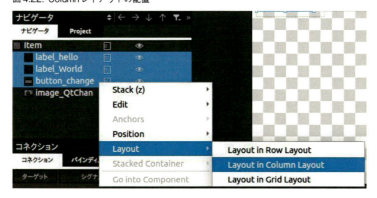

さらに、先ほど作成したColumnLayoutとImageをShiftボタンを押しながら選択します。次に右クリックし、「Layout in Row Layout」を選択します。

図 4.23: Row レイアウトの配置

レイアウトは整ったものの、Itemオブジェクトのサイズが大きくアンバランスです。RowLayoutのサイズに合わせてみましょう。

同じQMLファイルに配置されたオブジェクトは、idを定義することで次のような形で、異なるオブジェクトでプロパティーの値を参照することができます。

```
＜QMLオブジェクトのid＞.＜idのQMLタイプ プロパティー＞
```

RowLayoutにidを設定した後、[4]「キャンバス」上のItemオブジェクトを選択し、[5]「プロパティ」→「ジオメトリ」覧の「サイズ」箇所にあるプロパティー値入力覧の左にある○をクリックして、「Set Binding」を選択します。

図 4.24: バインディングのセット

RowLayout QMLタイプでの幅、高さのプロパティーはそれぞれ"width"、"height"になるため、

```
row_layout.height
```

のように入力します。

図 4.25: Item の height プロパティーへバインディング

レイアウト設定が完了したキャンバスの状態と、Itemのサイズ変更をしたQMLファイルは、図4.26とリスト4.4のとおりです。

図 4.26: レイアウト設定状態

リスト4.4: HelloWorldForm.ui.qmlのレイアウト設定部 抜粋

```qml
 1: import QtQuick 2.4            // Item QML Type で使用。
 2: import QtQuick.Controls 2.3   // Label、Button、Image で使用
 3: import QtQuick.Layouts 1.0    // レイアウトで使用
 4:
 5: Item {
 6:     // プロパティーの値は、このようにQMLオブジェクトの値をバインディングできる。
 7:     width: row_layout.width
 8:     height: row_layout.height
 9:
10:     // ColumnLayout と Image を横に並べる
11:     RowLayout {
12:         id: row_layout
13:
14:         // Label x 2 と Button を縦に並べる
15:         ColumnLayout {
16:
17:             Label {
18:                 id: label_hello
19:                 ・・・・
20:             }
21:
22:             Label {
23:                 ・・・・
24:             }
25:
26:             Button {
27:                 ・・・・
28:             }
29:         }
30:
31:         Image {
32:             id: image_QtChan
33:             ・・・・
34:         }
35:     }
36: }
```

4.3.6 コンポーネント間の状態変化の通知

ボタンを押した状態変化を通知して、"World"を"Qt"の文字に置き換える処理をQML上で実

第4章 画面の作成 | 41

装していきます。状態変化を通知する動きをみていきましょう。

[4]「キャンバス」上のButton QMLオブジェクトである「Changeボタン」を右クリックして「Add New Signal Handler」を選択します。

図 4.27: Add New Signal Handler の選択

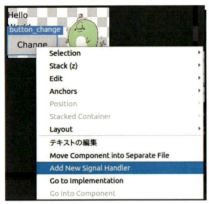

「シグナルハンドラの実装」ダイアログが表示されるので、「処理したいシグナルの選択：」項目のドロップダウンリストから「clicked」を選択します。

図 4.28: シグナルハンドラの実装

「4.2.4 Qt Quick を使用したロジックとデザインの切り分け」項で説明したように、.ui.qml ファイルは UI 用の宣言型コードの為、ボタンクリック時の処理については、命令型のコードを使用できる .qml ファイルに追加されます。

42　第 4 章　画面の作成

リスト4.5: HelloWorld.qmlに追加されたCode

```
1: HelloWorldForm {
2:     button_change.onClicked: {
3:     }
4: }
```

　命令型のコードから、宣言型のコード内のプロパティーを変更するためには、宣言型のコード内に、外部参照できるようにプロパティーエイリアスの設定が必要です。

　"World"の文字を表示しているLabelオブジェクトを外部参照できるようにid名である「label_World」に対してプロパティーエイリアスを設定します。

　[2]「ナビゲータ」-「ナビゲータ」の「label_World」欄右側にあるアイコンをクリックすることにより設定していきます。プロパティーエイリアスは次のように切り替え可能です。

図4.29: プロパティーエイリアスのオン／オフ

property alias
(OFF)　　(ON)

　QMLファイルの中を見ていきましょう。プロパティーエイリアスは新しく宣言されたプロパティーを、既存のプロパティー（別名プロパティー）への直接参照として使用可能です。QMLファイルは、次のとおりです。

モジュールのimport

```
property alias ＜既存のQMLオブジェクトプロパティー名＞: ＜外部参照用のQMLオブジェクトプロパティー名＞
```

リスト4.6: label_Worldのプロパティーエイリアス

```
 1: import QtQuick 2.4
 2: import QtQuick.Controls 2.3
 3: import QtQuick.Layouts 1.0
 4:
 5: Item {
 6:     width: row_layout.width
 7:     height: row_layout.height
 8:     // プロパティーエイリアスは、参照元・参照先で同じ名前にすると対応が分かりやすい
 9:     property alias label_World: label_World
10:     property alias button_change: button_change
11:
12:     ・・・
```

"label_World"として、外部から参照できるようになりました。文字を表示する"text"のプロパティーに"Qt"の文字列を設定してます。

```
property alias ＜既存のQMLオブジェクトプロパティー名＞: ＜外部参照用のQMLオブジェクトプロパティー名＞
```

リスト4.7: label_WorldのtextをQtに変更する
```
1: import QtQuick 2.4
2:
3: HelloWorldForm {
4:     property bool isWorld: false
5:
6:     button_change.onClicked: {
7:         label_World.text = "Qt"
8:     }
9: }
```

それでは動かしてみましょう。"Hello World"が"Hello Qt"に変わることを確認してください。

図4.30: Hello Qtの表示

第5章　PythonでのGUI制御

|||||||||||||||||||||||||||||||||||||||||||||||||||||||||||||||||||||||||||||||||||||||||||||||||||||||||
本章では、PythonとQt Quickモジュールを使用したGUIの制御について説明します。Qt for Pythonでは、PythonとQMLといった異なる言語間で相互にアクセスできる便利な仕組みが提供されています。徐々に理解を深め、GUIアプリケーションに必要な知識を身につけていきましょう。
|||||||||||||||||||||||||||||||||||||||||||||||||||||||||||||||||||||||||||||||||||||||||||||||||||||||||

5.1 Qt for PythonでHello Worldを表示

「第4章 画面の作成」で作成したGUI画面を、Qt for Pythonを使用してアプリケーションとして表示していきます。

5.1.1 PyCharmでプロジェクト作成

PyCharmを起動し、スタート画面で「Create New Project」を選択して新しいプロジェクトを作成します。「Loation」は引き続き、前章のQtCreatorで使用した"HelloWorld"を選択します。すでにファイルがあるディレクトリーにプロジェクトを作成した場合、図5.1のwarnningが表示されますが、このまま作成します。

図5.1: 上書き確認画面

ツールウィンドウのプロジェクト名を右クリックし、「New」→「Python File」を選択して、"helloworld.py"という名前でPythonファイルを追加します。

5.1.2 helloworld.pyファイルの作成

まずは、Qt Quickのアプリケーションを実行するために、次の（リスト5.1）のコードを作成します。

リスト5.1: helloworld.py
```
1: import sys
2: from PySide2.QtWidgets import QApplication
3: from PySide2.QtQuick import QQuickView
4: from PySide2.QtCore import QUrl
```

```
 5:
 6:
 7: def main():
 8:     # QGuiApplication と QQuickView のインスタンスの生成        - [5.1.2.1]
 9:     app = QApplication([])
10:     view = QQuickView()
11:
12:     # Qt Quick の表示方法の設定                              - [5.1.2.2]
13:     view.setResizeMode(QQuickView.SizeRootObjectToView)
14:
15:     # 画面表示する QML コンポーネントの読み出しと表示          - [5.1.2.3]
16:     url = QUrl("HelloWorld.qml")
17:     view.setSource(url)
18:     if view.status() == QQuickView.Error:
19:         sys.exit(-1)
20:
21:     view.show()
22:
23:     # QApplication のイベントループ
24:     ret = app.exec_()
25:
26:     # アプリケーションの終了処理                            - [5.1.2.4]
27:     del view
28:     sys.exit(ret)
29:
30:
31: if __name__ == '__main__':
32:     main()
```

5.1.2.1 QGuiApplication と QQuickView のインスタンスの生成

Qt for Python で QtQuick アプリケーションを動作させる準備をします。まず QGuiApplication と QQuickView のインスタンスを生成します。

PySide2.QtWidgets.QApplication クラスは GUI アプリケーションの制御フローを管理し、PySide2.QtQuick.QQuickView クラスは Qt Quick のユーザーインターフェースを表示するためのウィンドウを管理します。

5.1.2.2 Qt Quick の表示方法の設定

QML コンポーネントを使用した QML ファイルを読み出す前に、Qt Quick アプリケーションの表示方法を設定します。PySide2.QtQuick.QQuickView.setResizeMode（arg__1）の引数である PySide2.QtQuick.QQuickView.ResizeMode の enum 定義は次のとおりです。

46 第 5 章 Python での GUI 制御

表5.1: QQuickView.ResizeMode の enum 定義

値	説明
QQuickView.SizeViewToRootObject	表示はQMLのrootアイテム（topのQMLオブジェクト）でサイズ変更される。
QQuickView.SizeRootObjectToView	表示は、rootアイテムサイズにQMLのオブジェクトが自動的に調整される。

5.1.2.3　画面表示するQMLコンポーネントの読み出しと表示

QMLファイルの読み出しは、URL形式で設定します。URL形式のアドレスをQQuickViewクラスのsetSourceメソッドを使用して読み出し、showメソッドを使用して読み出すことにより表示をします。

またアプリケーションのイベント処理をするため、イベントループとしてQGuiApplicationクラスのexec_を実行させることも必要です。

5.1.2.4　アプリケーションの終了処理

Qt Quickアプリケーションの終了時には、exec_メソッドから抜けます。QQuickViewクラスで生成したviewのオブジェクトをdelで削除してから、アプリケーションの終了を呼び出します。

5.1.3　helloworld.py の実行

Pycharmにて、helloworld.pyを実行します。図5.2のように、Qt Quickアプリケーションが実行されていることを確認してみてください。

図5.2: helloworld.py の実行

5.2 PythonとQMLとの連携

PythonとQMLの代表的な連携方法は次のふたつです。

・QMLからPythonへアクセスする連携方法
・PythonのクラスをQMLで使用できる連携方法

このふたつについて具体的に説明をします。

5.2.1 QMLからPythonへアクセスする連携方法

QMLではプロパティーは変数のように扱われますが、QMLからPythonの変数を参照・設定する場合には、PySide2.QtCoreモジュールのPropertyデコレータを通してgetterにて取得し、setterで設定することが可能になっています。またPython側のクラス名をQMLオブジェクト名に置き換えて、QMLのオブジェクトのように扱えます。

ここでは「5.1 Qt for PythonでHello Worldを表示」で作成したPythonコードを再利用します。QML側から参照できるPythonのクラス作成して、そのクラス内のインスタンス変数を参照してみましょう。修正内容は次のとおりです。

・Python側で定義したPythonTextクラスの作成。
・PythonTextクラスのQString型（文字列）インスタンス変数をプロパティー設定する。
・PythonTextクラスを"pythonText"名としてQML側に公開する。
・QML側で、"pythonText"名でPythonTextクラスのインスタンス変数を読み書きする。

図5.3: QMLからPythonへアクセスするイメージ

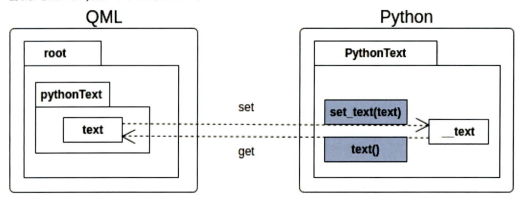

修正したコードは、次のリスト5.2とリスト5.3になります。

まずはPythonのコードから見ていきましょう。(リスト5.2)

リスト5.2: helloworld.py

```
1: import sys
2: # QObject, Property を import
3: from PySide2.QtCore import QObject, Property, QUrl
4: from PySide2.QtWidgets import QApplication
5: from PySide2.QtQuick import QQuickView
```

```python
 6:
 7:
 8: # QMLからPython側アクセスするクラスを作成する                    - [5.2.1.1]
 9: class PythonText(QObject):
10:     def __init__(self, parent=None):
11:         QObject.__init__(self, parent)
12:         self.value_changed.connect(self.on_value_changed)
13:         # 初期化                                              - [5.2.1.1-1]
14:         self._text = "World from Python"
15:
16:     # QMLから参照できるようにプロパティー設定する              - [5.2.1.2]
17:     @Property(str)
18:     def text(self):
19:         return self._text
20:
21:     # QMLから設定できるgetterを設定する                       - [5.2.1.3]
22:     @text.setter
23:     def set_text(self, text):
24:         self._text = text
25:
26:
27: def main():
28:     app = QApplication([])
29:     view = QQuickView()
30:     view.setResizeMode(QQuickView.SizeRootObjectToView)
31:
32:     # QML経由でアクセスするPythonTextのインスタンスを生成する
33:     python_text = PythonText()
34:     # QMLのrootアイテムのコンテキストを取得する
35:     context = view.rootContext()
36:     # Python側のクラス名を、QMLオブジェクト名に置きかえる   - [5.2.1.4]
37:     context.setContextProperty("pythonText", python_text)
38:
39:     url = QUrl("HelloWorld.qml")
40:     view.setSource(url)
41:     view.show()
42:
43:     ret = app.exec_()
44:     sys.exit(ret)
45:     del view
46:     sys.exit(ret)
```

```
47:
48:
49: if __name__ == '__main__':
50:     main()
```

5.2.1.1 　QMLからPython側アクセスするクラスを作成する

　QMLからPythonへアクセスするクラスを作成します。QML側からstring型の文字列として取得や参照をするので、QObject基底クラスの機能を持った派生クラスとしてPythonTextを作成します。

　5.2.1.1-1のようにQML側で、即時読み出しができるように初期値として "World from Python" の文字列を設定しておきます。

5.2.1.2 　QMLから参照できるようにプロパティー設定する

　PySide2.QtCoreモジュールのPropertyデコレータの引数は次のとおりです。

```
@Property(型, notify=PySide2.QtCorモジュールのSignal )
```

- ・型：QML側とPython側で型を合わせる必要があります。
- ・notify：Python側での状態変化を、QML側に伝えたい時に使用します。（ここでは、説明をおこなわず後ほど説明します）

　Propertyデコレータを使用してデコレートした関数名が、QML内でそのままプロパティー名として使用されます。

```
    @Property(str)
    def text(self):
        return self._text
```

　QML内では、"text" というプロパティー名でPythonインスタンス変数 "_text" が参照可能です。またPropertyデコレータを設定すれば、setter設定無しでQMLから値の参照が可能です。

5.2.1.3 　QMLから設定できるgetterを設定する

　QML側から値を設定する場合に使用します。デコレータの設定方法は次のとおりです。

```
@<Propertyデコレータを使用した関数名>.getter
```

　必ずPropertyデコレータで設定した型を引数にした関数名をデコレートする必要があります。

```
    @text.setter
    def set_text(self, text):
        self._text = text
```

50　第5章　PythonでのGUI制御

5.2.1.4　Python側のクラス名を、QMLオブジェクト名に置きかえる

QMLのrootアイテムのコンテキストに対して、QML側からアクセスする為のQMLオブジェクト名、それに対応させるPythonのクラスを登録します。

setContextProperty()の引数は次のとおりです。

```
PySide2.QtQml.QQmlContext.setContextProperty(arg__1, arg__2)
arg__1 ： QML側からアクセスするためのQMLオブジェクト名
arg__2 ： QML側からアクセスさせるPythonクラス
```

次にQML側のコード(リスト5.3)も見ていきます。

リスト5.3: HellowWorld.qml

```
 1: import QtQuick 2.4
 2:
 3: HelloWorldForm {
 4:     property bool isWorld: false
 5:
 6:     button_change.onClicked: {
 7:         // QML側から値の参照・設定                          - [5.2.1.5]
 8:         label_World.text = pythonText.text
 9:
10:         // QML側からPythonTextクラスのset_text()へアクセスする
11:         pythonText.text = "World from QML!"
12:     }
13: }
```

5.2.1.5　QML側から値の参照・設定

PythonTextクラスは、QMLではpythonTextとしてプロパティーバインディングされています。pythonText経由で、PythonTextクラスのtext()を読み出します。

5.2.1.6　アプリケーションの動作

アプリを起動して、「Change」ボタンを押していきます。"World"の文字が、"World from Python" → "World from QML!"と変化していくのが確認できると思います。このように簡単にPython側の値をQML側から参照・設定できます。

図5.4: World文字が変更されていく

5.2.2　PythonのクラスをQMLで使用できる連携方法

PythonのクラスをQMLタイプとして、QML側で使用できる方法を紹介します。

PythonのクラスをQMLタイプとして扱うには、QML単体での動作をしていくことができなくなるデメリットがある反面、すでに作成されている既存のPythonクラスをQML側で参照できるというメリットがあります。

実際の開発現場では、こちらの方式を取って開発をしていくことが多いでしょう。

「5.1 Qt for PythonでHello Worldを表示」で作成したコードに少しの修正を加えることにより実現可能なため、引き続き使用します。

修正内容は、次のとおりです。

・Python側で定義したPythonTextクラスにシグナルを追加する。
・PythonTextクラスのQString型（文字列）インスタンス変数とシグナルをプロパティー設定する。
・PythonTextクラスを新しいQMLモジュールのQMLタイプとしてQML側に公開する。
・QML側で、PythonTextクラスのQMLタイプを定義する。

図5.5: PythonクラスをQMLタイプとしてアクセスするイメージ

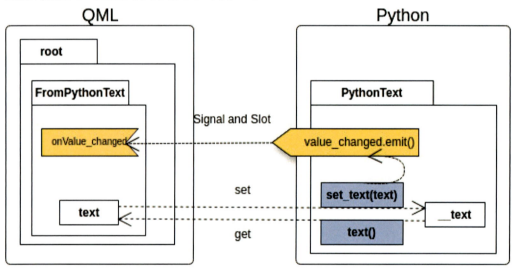

修正したコードは、次のリスト5.4とリスト5.5になります。

リスト5.4: helloworld.py

```
1: import sys
2: # Signalをimport
3: from PySide2.QtCore import QObject, Signal, Property, QUrl
4: from PySide2.QtWidgets import QApplication
5: from PySide2.QtQuick import QQuickView
6: # qmlRegisterTypeをimport
7: from PySide2.QtQml import qmlRegisterType
8:
```

```
 9:
10: # QML側でQMLのタイプとしてアクセスするPythonクラス
11: class PythonText(QObject):
12:     # 値が設定された時の状態を伝えるシグナルインスタンスを生成
13:     value_changed = Signal(str)                # [5.2.2.1-1]
14:
15:     def __init__(self, parent=None):
16:         QObject.__init__(self, parent)
17:         self._text = "World from Python"
18:
19:     # QMLのプロパティーとしてtextを、Pythonオブジェクトにバインディングし、
20:     # 状態を伝えるシグナルをnotifyに設定する
21:     @Property(str, notify=value_changed)       # [5.2.2.1-2]
22:     def text(self):
23:         return self._text
24:
25:     @text.setter
26:     def set_text(self, text):
27:         self._text = text
28:         # 値が設定されたことをシグナルで伝える
29:         self.value_changed.emit(self._text)    # [5.2.2.1-3]
30:
31:
32: def main():
33:     app = QApplication([])
34:     # 指定したクラスを、QMLモジュールのQMLタイプとして
35:     #  バインディングする                              - [5.2.2.2]
36:     qmlRegisterType(PythonText, 'FromPythonTextLibrary', 1, 0,
'FromPythonText')
37:
38:     view = QQuickView()
39:     view.setResizeMode(QQuickView.SizeRootObjectToView)
40:
41:     url = QUrl("HelloWorld.qml")
42:     view.setSource(url)
43:     view.show()
44:
45:     ret = app.exec_()
46:     sys.exit(ret)
47:
48:
```

第5章　Pythonでの GUI 制御　│　53

```
49: if __name__ == '__main__':
50:     main()
```

5.2.2.1 値が変更された場合のシグナルを追加

シグナル (Signal) と **スロット (Slot)** について解説します。

シグナルとスロットは、Qtの特徴的で便利な機能です。

"シグナル"とは、オブジェクトの状態が変わった場合に発行する機能であり、"スロット"とは、そのシグナルを受け取り、その後にオブジェクトの状態を変更させたり、何らかのアクションを起こす為の関数になっています。

シグナルとスロットを使って、複数のオブジェクト間で値などを同期させることができます。このシグナルやスロットの接続は、Python側ではPropertyデコレータのnotifyに設定することにより、Python〜QML間の接続ができるようになります。(図5.6)

図5.6: シグナルとスロット概要

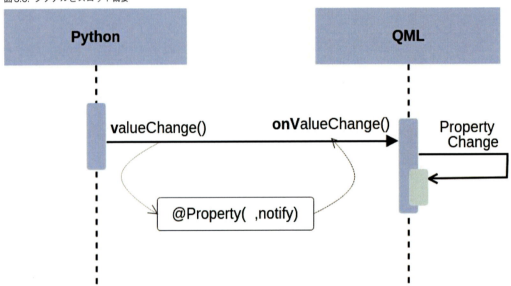

ここではシグナルとしてPySide2.QtCore.Signalクラスを使用して作成します（リスト5.4 [5.2.2.1-1]）。そのシグナルをPythonインスタンス変数"_text"が変更された場合にSignalクラスのemitメソッドを呼び出します（リスト5.4 [5.2.2.1-3]）。

シグナルとスロットへの接続は、Propertyデコレータを使用してQML側に通知させます（リスト5.4 [5.2.2.1-2]）。

注意点として、

・Python側のシグナル名の最初の文字は、小文字にする。
・QML側のslot名は、"on + ＜最初の文字を大文字にしたシグナル名＞"のスロットハンドラとなる。
になります。

5.2.2.2 指定したクラスを、QMLモジュールのQMLタイプとしてバインディングする

PySide2.QtQuick.QQuickViewのインスタンスが生成される前に、qmlRegisterType()をコールし、PythonのクラスをQMLモジュールのQMLタイプとしてバインディングします。

qmlRegisterType()の引数は次のとおりです。

PySide2.QtQml.qmlRegisterType(arg__1, arg__2, arg__3, arg__4, arg__5)
arg__1 ： QMLタイプとして登録するPythonクラスインスタンス
arg__2 ： QML側へインポートするQMLモジュール名
arg__3 ： QMLモジュールメジャーバージョン
arg__4 ： QMLモジュールマイナーバージョン
arg__5 ： QML側からアクセスさせるQMLタイプ名

次にQML側のコード(リスト5.5)も見ていきます。

リスト5.5: HellowWorld.qml

```
 1: import QtQuick 2.4
 2: // Python側のクラスをQMLモジュールとしてインポートする      - [5.2.2.3-1]
 3: import FromPythonTextLibrary 1.0
 4:
 5: HelloWorldForm {
 6:     // Pythonクラスから参照するFromPythonText QMLタイプ   - [5.2.2.3-2]
 7:     FromPythonText {
 8:         id : from_python_text
 9:
10:         // textプロパティーが変更された場合に呼び出される
11:         //   スロットハンドラ                              - [5.2.2.3-3]
12:         onValue_changed : {
13:             console.log("> ValueChangeing from_python_text.text = " + text);
14:         }
15:     }
16:
17:     button_change.onClicked: {
18:         label_World.text = from_python_text.text
19:         // QML側からPythonTextクラスのset_text()へアクセスする
20:         from_python_text.text = "World from QML!"
21:     }
22: }
```

5.2.2.3 QMLタイプとして、QML側で使用する

PySide2.QtQml.qmlRegisterType()で設定した名前とバージョンで、インポートをおこないます。

(リスト 5.5 [5.2.2.3-1])同様に、QMLタイプとして定義したQMLタイプ名（FromPythonText）で、QMLオブジェクトも作成します。(リスト 5.5 [5.2.2.3-2])

作成後は、他のQMLオブジェクトから参照できるようにidを設定することをお勧めします。

本例では、スロットハンドラには、シグナルでPython側から出力された文字列を出力させています。(リスト 5.5 [5.2.2.3-3])

5.2.2.4　アプリケーションの動作

アプリを起動して、「Change」ボタンを押してみましょう。"World"の文字が、"World from Python"→"World from QML!"と変化するのが確認できます。またPyCharm側のlogにも、QML側でのスロットハンドラが動いているログが出力されています。

図 5.7: PyCharm qml からの log 出力

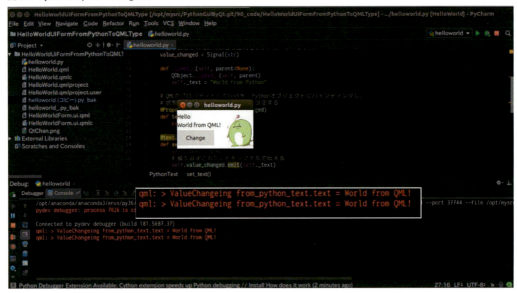

5.3　画面のスタイルについて

Qt Qucikのモジュールである、Qt Quick Controlsを使用することにより、画面の見た目となるスタイルを変更することができます。設定できるスタイルを表5.2のとおりです。

表 5.2: QQuickView.ResizeMode の enum 定義

スタイル名称	説明
Default (デフォルト)	デフォルトのスタイルです。特徴として、スタイルの中で一番に軽量でかつシンプルな構造となっており、Qt Quick Control の中でパフォーマンスがよいスタイルです。
Fusion (フュージョン)	デスクトップ向けのスタイルです。フラットフォーム毎のスタイルデザインに自動で変更される訳ではなく、Qt ライブラリーの Fusion スタイルと互換性があるデザインです。
Universal (ユニバーサル)	Microsoft の UWP (ユニバーサル Windows プラットフォーム) を意識したデザインです。
Material (マテリアル)	Google が提唱しているマテリアルデザインのガイドラインに基づくスタイルです。
Imagine (イマジン)	ユーザーが準備したイメージを簡単にスタイルにセットできるスタイルです。スタイルで参照する画像のディレクトリーを指定し、定義された命名規則によってイメージを配置することにより容易にデザインの入れ替えができます。参照する画像のディレクトリーを指定しない場合でも表示は可能です。

・表5.2の参考資料

――Qt ライブラリーの Fusion スタイルについて

・http://doc.qt.io/qt-5/gallery.html の The Fusion style（fusion）を参照。

――イマジンスタイルについて

・Qt Documentation - Imagine Style :https://doc-snapshots.qt.io/qt5-dev/qtquickcontrols2-imagine .html を参照。

――Microsoft の **UWP (ユニバーサル Windows プラットフォーム)** について

・Design and code UWP apps :https://developer.microsoft.com/en-us/windows/apps/design を参照。

――Google が提唱しているマテリアルデザインのガイドラインについて

・MATERIAL DESIGN - Design :https://material.io/design/ を参照。

よく使われる画面のウィジットを配置したサンプルで、スタイル別に表示される内容を見てみましょう。

第5章　Python での GUI 制御　　57

図 5.8: スタイル一覧

(Default)

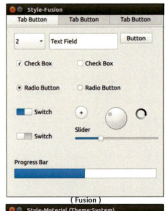
(Fusion)

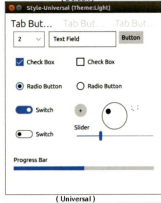
(Universal)

(Material)

(Imagine)

各スタイルに対して、

・Qt Creator のデザインモードでのスタイル適用方法

・Python 側から起動するアプリケーションでのスタイル変更方法

について説明していきます。

5.3.1 Qt Creator のデザインモードでのスタイル適用方法

図 5.9: QtQreator オプション - Qt Quick Designer

Qt Creator デザインモードで表示される Qt Quick Control のスタイルは、"デフォルト"となっており、QtCreator のオプション設定により設定可能となっています。図 5.9 のように、「ツール（T）」→「オプション（O）...」から「Qt Quick」の設定を選択します。「Qt Quick Designer」のタブ、"スタイル"の"Controls 2 Style:"のコンボボックスから選択できる他に、"Controls のスタイル:"に直接スタイル名を入れることにより変更可能です。入力できるスタイル名は、表 5.3 のとおりです。

表 5.3: QtQreator オプション - Qt Quick Designer 設定文字列

スタイル名称	Qt Controls 2 Style:コンボボックス	Controls のスタイル:" 入力文字列
Default (デフォルト)	あり（既定）	Default
Fusion (フュージョン)	なし	Fusion
Universal (ユニバーサル)	あり（Universal）	Universal
Material (マテリアル)	あり（Material）	Material
Imagine (イマジン)	なし	Imagine

Qt Quick Designer のスタイル設定で、"Fusion"を選択した場合を示します。図 5.10 のように、"Fusion"のスタイルが適用された状態でデザインモードを動作させることができます。

図 5.10: デザインモード（Fusion スタイル）

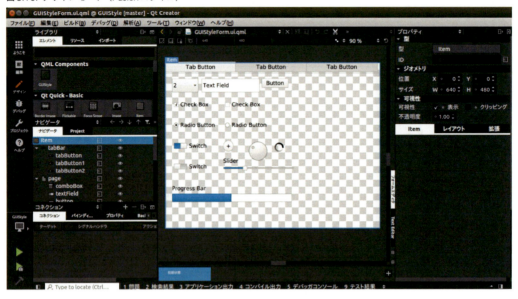

5.3.2 Python側から起動するアプリケーションでのスタイル変更方法

Python側からQt Quickアプリケーションを実行する場合でも、表5.4の環境変数によりスタイルを設定できます。

表 5.4: QtQreator オプション - Qt Quick Designer 設定文字列

環境変数名	設定値
QT_QUICK_CONTROLS_CONF	Qt Quick Controls 2のConfiguration File ファイルをQMLファイルからの相対パスで指定する。

Qt Quick Controls 2のConfiguration Fileファイルの設定方法・内容については、次の項で説明を行います。Qt Quick Controls 2で使用できる環境変数については、さまざまなものが定義されています。詳しくは、「Qt DocumentationのSupported Environment Variables in Qt Quick Controls 2[1]」を参照してください。ここでは、Pythonコードでの環境変数設定方法のコードを示します。

リスト 5.6: Pythonコードでの環境変数設定方法

```
1: # 環境変数を設定する為に、osモジュールをインポート
2: import os
3: from PySide2.QtWidgets import QApplication
4:
5:
6: def main():
7:     """ 環境変数にQt Quick Controls 2のコンフィグファイル設定
```

1.https://doc.qt.io/qt-5.11/qtquickcontrols2-environment.html

```
 8:          環境変数QT_QUICK_CONTROLS_CONFに対して、本Codeと同じ
 9:          ディレクトリーにあるqtquickcontrols2.conf
10:          (Qt Quick Controls 2のConfiguration Fileファイル)
11:       を設定
12:     """
13:     os.environ["QT_QUICK_CONTROLS_CONF"] = "qtquickcontrols2.conf"
14:     app = QApplication([])
15:     ・・・
```

5.3.3　QtQucik コンフィグレーションファイルについて

　スタイル変更で使用できるQt Quick Controls 2のコンフィグレーションファイルの設定方法について説明します。
　ファイル名は、慣習的に

qtquickcontrols2.conf

となっています。
　次にコンフィグレーションファイルの定義の仕方、内容について説明していきます。

5.3.3.1　設定定義
　設定のセクション定義の記述方法は、次のとおりです。

[<セクション定義文字列>]

　また、セクション定義の下側に

<設定する変数>=<設定値>

　の形で内容を記述していきます。またコメントについては「;」を先頭に記述することでコメントとみなされます。
　次に、設定方法の参考を示します。

リスト5.7: qtquickcontrols2.conf 設定記述例

```
1: ; Qt Quick Controlsのスタイルを設定
2: [Controls]
3: Style=Universal      ; Universalスタイルを適用する
4:
5: ・・・
```

第5章　PythonでのGUI制御　61

5.3.4 代表的な設定一覧

代表的なセクションと、使用可能なパラメータについて説明します。

全てのセクション、使用可能なパラメータについて知りたい場合は、「Qt Documentation の Qt Quick Controls 2 Configuration File[2]」を参照してください。

表 5.5: 代表的な Qt Quick Controls 2 Configuration File の設定内容

セクション	設定パラメータ名	説明
Controls	Style	スタイル名称を設定する。 Default Fusion Universal Material Imagine
Universal	Therme テーマ名称を設定する。 Light - 明るい配色のテーマ(デフォルト) Dark - ダークモード配色のテーマ System - システムのテーマに依存させるテーマ	
Material	Therme テーマ名称を設定する。 Light - 明るい配色のテーマ(デフォルト) Dark - ダークモード配色のテーマ System - システムのテーマに依存させるテーマ	
Imagine	Path 設定する画像のアセットディレクトリーを指定する。	

リスト 5.8: qtquickcontrols2.conf 設定パラメータ記述例

```
1: [Controls]
2: Style=Universal
3:
4: [Universal]
5: Theme=Dark
```

5.3.5 Universal、Material の Light/Dark テーマ

Imagine スタイルに関しては、ユーザーが準備したイメージを使用できることからスタイル全体のデザイン変更が可能となっています。Universal、Material スタイルの場合、今流行りのダークモードにも対応しています。次の（図5.11）に通常の"Light"と"Dark"モードのテーマを示します。

2.https://doc.qt.io/qt-5.11/qtquickcontrols2-configuration.html

図 5.11: Ligth/Dark スタイル

(Universal - Light)　　　(Universal - Dark)

(Material - Light)　　　(Material - Dark)

第 5 章　Python での GUI 制御　　63

第6章 GUIアプリケーションの作成

|||||||||||||||||||||||||||||||||||||||||||||||||||||||||||||||||||||||||||||||||||||||||
前章までのまとめとして、キッチンタイマーのアプリケーションを作成します。GUIアプリケーションの動作の流れを確認しながら、Qt for Pythonでアプリを作成していきましょう。
|||||||||||||||||||||||||||||||||||||||||||||||||||||||||||||||||||||||||||||||||||||||||

6.1 作成するアプリケーションの画面と構成

まずはゴールを明確にするために、完成形の画面構成とPython〜QML間でのデータの流れについて説明します。

6.1.1 画面構成

画面構成は、図6.1のようになります。

図6.1: 画面構成と遷移図

・設定画面 (図6.1の左側)

・タイマー画面 (図6.1の右側)

設定画面では、タイマーの時間設定と時間経過時の音を選択できるようにします。タイマー画面では、経過時間を数字表示と円状のプログレスによって表現していきます。

画面遷移は、次のとおりです。

・設定画面の「(>) 開始ボタン」でタイマー画面へ

・タイマー画面の「Stopボタン」で設定画面へ

6.1.2 Python〜QML間データの流れ

各データの流れは、図6.2のようになります。

図6.2: データの流れ

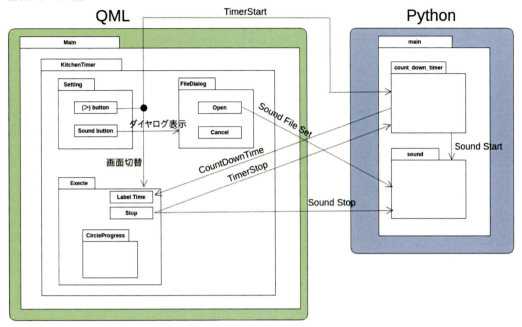

画面・制御でのそれぞれの機能概要は次のとおりです
- QML（画面）
    - Main - Windowを制御
        - Setting - 設定画面
        - Execute - タイマー画面
        - CircleProgress - 円状プログレスバー（ユーザー独自QMLタイプ）
        - FileDialog - 音楽ファイル選択用ダイヤログ（FileDialogQMLタイプ）
- Python（制御class）
    - CountDownTimer - カウントダウンタイマー制御/カウントダウン値通知
        - TimerClass - カウントダウンタイマー処理スレッド
    - Sound - 音楽ファイル制御（選択・再生・停止）

QML〜Python間でのデータのやり取りについては、次の方針でアプリケーションを作成しましょう。
- QML間の画面遷移 - QML間で、ボタンによるシグナル／スロットの動作で行うQML〜Python間のデータハンドリング
    - QMLからPython - Python側で、setContextPropertyによりQMLから参照できるようにプロパティー設定を行う
    - PythonからQML - 該当するデータは、図6.2のCountDownTimeになる。Python側にてシグナ

ルを発行させて、QMLのスロットにて受け取れるように設定する

6.2 画面の作成

ここでは次のポイントについて解説します。

・Qt Quick QMLオブジェクトのレイアウト方法

・ボタン等のオブジェクトイベントの通知

・画面切り替えアニメーションの設定

・独自の画面パートである円状プログレスバーの作成

・Qt QuickでのWindow制御

6.2.1　Qt Quick QMLオブジェクトパーツ配置とレイアウト方法

6.2.1.1　各画面のQMLオブジェクトパーツ配置

Qt Quickで提供されているパーツの配置内容を次に示します。

図6.3: 設定画面（KitchenTimerSettingForm.ui.qml）

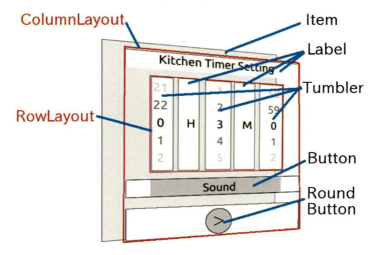

図 6.4: タイマー画面（KitchenTimerExecuteForm.ui.qml）

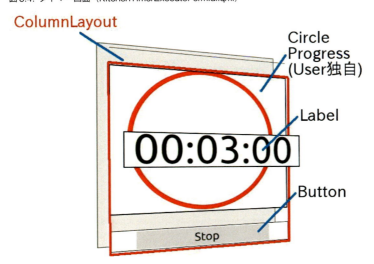

6.2.1.2　画面を作成する前の QtCreator デザインモードのキャンバス設定変更

QtCreator デザインモードのデフォルト設定でも十分に使いやすい設定となっていますが、次の設定を行うと、より UI 作成がしやすくなります。

・キャンバスの色設定

デザインモードでは、Item QML オブジェクトを変更する際に、透過色設定の背景のままでは画面全体が見づらい場合があります。キャンバスの上部であるキャンバスの色設定（図 6.5）で、色を白色にすると見やすくなります。

図 6.5: キャンバスの色設定

・UI パーツの境界線表示設定

各パーツの境目も見やすくなるように "空アイテムのバウンダリ領域を模様付きの短形で表示する(A)。"（図 6.6）の設定もしておきましょう。各 QML オブジェクトの画面配置が分かりやすくなります。

図 6.6: 空アイテムのバウンダリ領域を縞模様付きの短形で表示する 設定

6.2.1.3 設定画面のQMLオブジェクトパーツの配置

図 6.7: 設定画面パーツ配置（KitchenTimerSettingForm.ui.qml）

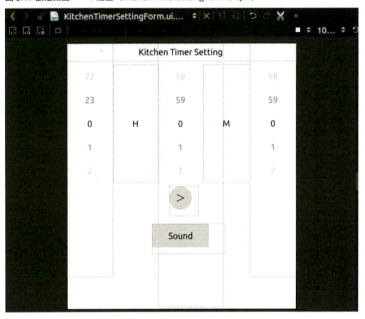

まずは、図6.7のように、図6.3のおおよその場所へQMLオブジェクトを配置してみましょう。
配置のポイントとして、

- QMLでは、ナビゲーターの表示で下に行くほどQMLオブジェクトのレイヤーが上位に表示される
- あとでレイアウト配置するパーツは、順番に配置する。

を意識してパーツ配置をしていくと、後々のレイアウトする作業が容易になります。
設定画面のQMLオブジェクトの配置は、次のように配置していきます。

リスト6.1: 設定画面パーツ配置（KitchenTimerSettingForm.ui.qml）

```
1: import QtQuick 2.4
2: import QtQuick.Controls 2.3
3: import QtQuick.Layouts 1.0
4:
5: Item {
```

68　第6章　GUIアプリケーションの作成

```
6:        id: item_root
7:
8:        width: 400
9:        height: 450
10:
11:        /* Setting画面タイトル */
12:        Label {
13:            id: label_title_setting
14:            width: parent.width
15:            text: qsTr("Kitchen Timer Setting")
16:            /* 水平・垂直にオブジェクトを配置 */
17:            Layout.alignment: Qt.AlignHCenter | Qt.AlignVCenter
18:            horizontalAlignment: Text.AlignHCenter // 縦方向中央にラベル文字を配置
19:            verticalAlignment: Text.AlignVCenter // 横方向中央にラベル文字を配置
20:        }
21:
22:        /* "時"設定タンブラ */
23:        Tumbler {
24:            id: tumbler_hour
25:            x: 0
26:            y: 40
27:            width: 80
28:            height: 200
29:            model: 24 // 0〜23H表示
30:        }
31:
32:        /* "H"文字のオブジェクト配置 */
33:        Label {
34:            id: label_unit_h
35:            x: 80
36:            y: 40
37:            /* 幅は、layout_timeのレイアウトに入っているQMLオブジェクトで均等 */
38:            width: parent.width / 5
39:            height: 200 // 親(layout_time)の高さに合わせる
40:            text: qsTr("H")
41:            verticalAlignment: Text.AlignVCenter // 縦方向中央にラベル文字を配置
42:            horizontalAlignment: Text.AlignHCenter // 横方向中央にラベル文字を配置
43:        }
44:
45:        /* "分"設定タンブラ */
46:        Tumbler {
```

```
47:         id: tumbler_minute
48:         x: 160
49:         y: 40
50:         /* 幅は、layout_timeのレイアウトに入っているQMLオブジェクトで均等 */
51:         width: parent.width / 5
52:         height: 200 // 親(layout_time)の高さに合わせる
53:         model: 60 // 0〜59min表示
54:         currentIndex: 3 // デフォルト値は3min
55:     }
56:
57:     /* "M"文字のオブジェクト配置 */
58:     Label {
59:         id: label_unit_m
60:         x: 240
61:         y: 40
62:         text: qsTr("M")
63:         /* 幅は、layout_timeのレイアウトに入っているQMLオブジェクトで均等 */
64:         width: parent.width / 5
65:         height: 200 // 親(layout_time)の高さに合わせる
66:         verticalAlignment: Text.AlignVCenter // ラベルの縦方向中央に配置
67:         horizontalAlignment: Text.AlignHCenter // ラベルの横方向中央に配置
68:     }
69:
70:     /* "分"設定タンブラ */
71:     Tumbler {
72:         id: tumbler_second
73:         x: 320
74:         y: 40
75:         /* 幅は、layout_timeのレイアウトに入っているQMLオブジェクトで均等 */
76:         width: parent.width / 5
77:         height: 200 // 親(layout_time)の高さに合わせる
78:         model: 60 // 0〜59sec表示
79:     }
80:
81:     /* タイマ鳴動時、音ファイル設定 */
82:     RoundButton {
83:         id: roundbutton_set
84:         x: 185
85:         y: 242
86:         text: qsTr("\uff1e") // ＂＞＂(全角文字)
87:         /* 水平・垂直にオブジェクトを配置 */
```

```
 88:            Layout.alignment: Qt.AlignHCenter | Qt.AlignVCenter
 89:            Layout.preferredHeight: 60
 90:            Layout.preferredWidth: 60
 91:        }
 92:
 93:        /* タイマー画面への遷移ボタン */
 94:        Button {
 95:            id: button_sound
 96:            x: 150
 97:            y: 309
 98:            text: qsTr("Sound")
 99:        }
100: }
```

次に、設定画面の各QMLオブジェクトをレイアウトします。

・Tumbler、時(H)、分(M)のLabelを、ナビゲータにてまとめて選択後、「Layout」→「RowLayout」
を選択
・RowLayoutとそれ以外のパーツをナビゲータにてまとめて選択後、「Layout」→「ColumnLayout」
を選択

の順にレイアウトをしていきます。

図6.8: 設定画面レイアウト配置（KitchenTimerSettingForm.ui.qml）

リスト6.2: 設定画面レイアウト配置（KitchenTimerSettingForm.ui.qml）

```qml
 1: import QtQuick 2.4
 2: import QtQuick.Controls 2.3
 3: import QtQuick.Layouts 1.0
 4:
 5: Item {
 6:     id: item_root
 7:
 8:     property real fontPointSize: 20   // 画面に使用する文字サイズ定義
 9:
10:     width: 400
11:     height: 450
12:
13:     /* タイマー設定画面のQMLオブジェクトは、まとめて縦方向レイアウトでまとめる */
14:     ColumnLayout {
15:         width: parent.width
16:         anchors.top: parent.top        // rootのItemの上部にアンカー固定
17:         anchors.topMargin: 0
18:         spacing: 20
19:         /* 中央にアンカーする */
20:         anchors.horizontalCenter: parent.horizontalCenter
21:
22:         /* Setting画面タイトル */
23:         Label {
24:             id: label_title_setting
25:             text: qsTr("Kitchen Timer Setting")
26:             /* 水平・垂直にオブジェクトを配置 */
27:             Layout.alignment: Qt.AlignHCenter | Qt.AlignVCenter
28:             font.pointSize: fontPointSize
29:             horizontalAlignment: Text.AlignHCenter   // 縦方向中央に配置
30:             verticalAlignment: Text.AlignVCenter     // 横方向中央に配置
31:         }
32:
33:         /* 時間設定の部分は、まとめて横方向レイアウトでまとめる */
34:         RowLayout {
35:             id: layout_time
36:
37:             /* 各時間設定 QMLオブジェクトの高さサイズ */
38:             property real timeRowHeight: 200
39:
40:             width: parent.width        // 幅は、親(ColumnLayout)の幅にあわせる
41:             height: timeRowHeight
```

72 | 第6章 GUIアプリケーションの作成

```
42:            /* 水平・垂直にオブジェクトを配置 */
43:            Layout.alignment: Qt.AlignHCenter | Qt.AlignVCenter
44:
45:            /* "時"設定タンブラ */
46:            Tumbler {
47:                id: tumbler_hour
48:                /* 幅は、layout_timeのレイアウトに入っている
49:                                    QMLオブジェクトで均等 */
50:                width: parent.width / 5
51:                height: parent.height       // 親(layout_time)の高さに合わせる
52:                font.pointSize: fontPointSize
53:                model: 24                   // 0〜23H表示
54:            }
55:
56:            /* "H"文字のオブジェクト配置 */
57:            Label {
58:                id: label_unit_h
59:                /* 幅は、layout_timeのレイアウトに入っている
60:                                    QMLオブジェクトで均等 */
61:                width: parent.width / 5
62:                height: parent.height       // 親(layout_time)の高さに合わせる
63:                text: qsTr("H")
64:                font.pointSize: fontPointSize
65:                verticalAlignment: Text.AlignVCenter      // 縦方向中央に配置
66:                horizontalAlignment: Text.AlignHCenter    // 横方向中央に配置
67:            }
68:
69:            /* "分"設定タンブラ */
70:            Tumbler {
71:                id: tumbler_minute
72:                /* 幅は、layout_timeのレイアウトに入っている
73:                                    QMLオブジェクトで均等 */
74:                width: parent.width / 5
75:                height: parent.height       // 親(layout_time)の高さに合わせる
76:                font.pointSize: fontPointSize
77:                model: 60                   // 0〜59min表示
78:                currentIndex: 3             // デフォルト値は3min
79:            }
80:
81:            /* "M"文字のオブジェクト配置 */
82:            Label {
```

```qml
 83:                id: label_unit_m
 84:                text: qsTr("M")
 85:                /* 幅は、layout_time のレイアウトに入っている
 86:                                QML オブジェクトで均等 */
 87:                width: parent.width / 5
 88:                height: parent.height        // 親 (layout_time) の高さに合わせる
 89:                font.pointSize: fontPointSize
 90:                                /* ラベルの縦方向中央に文字を配置 */
 91:                verticalAlignment: Text.AlignVCenter
 92:                                /* ラベルの横方向中央に文字を配置 */
 93:                horizontalAlignment: Text.AlignHCenter
 94:            }
 95:
 96:            /* "分"設定タンブラ */
 97:            Tumbler {
 98:                id: tumbler_second
 99:                /* 幅は、layout_time のレイアウトに入っている
100:                                QML オブジェクトで均等 */
101:                width: parent.width / 5
102:                height: parent.height        // 親 (layout_time) の高さに合わせる
103:                font.pointSize: fontPointSize
104:                model: 60                    // 0～59sec 表示
105:            }
106:        }
107:
108:        /* タイマ鳴動時、音ファイル設定 */
109:        Button {
110:            id: button_sound
111:            text: qsTr("Sound")
112:            /* 水平・垂直にオブジェクトを配置 */
113:            Layout.alignment: Qt.AlignHCenter | Qt.AlignVCenter
114:            Layout.preferredHeight: 40
115:            /* 幅は、親 (ColumnLayout) の2/3サイズ */
116:            Layout.preferredWidth: parent.width * 2/3
117:            font.pointSize: fontPointSize
118:        }
119:
120:        /* タイマー画面への遷移ボタン */
121:        RoundButton {
122:            id: roundbutton_set
123:            text: qsTr("\uff1e")     // ">"(全角文字)
```

第6章　GUIアプリケーションの作成

```
124:            /* 水平・垂直にオブジェクトを配置 */
125:            Layout.alignment: Qt.AlignHCenter | Qt.AlignVCenter
126:            Layout.preferredHeight: 60
127:            Layout.preferredWidth: 60
128:            font.pointSize: fontPointSize
129:        }
130:    }
131: }
```

設定画面のプロパティーエイリアスも合わせて設定していきましょう。

設定するのは、

・時・分・秒のTumblerの値を取得するための、currentIndex

・タイマ鳴動音ファイル設定/タイマー画面遷移ボタンのid名

のふたつです。

図6.9: 設定画面プロパティー設定（KitchenTimerSettingForm.ui.qml）

リスト6.3: 設定画面プロパティー設定（KitchenTimerSettingForm.ui.qml）

```
1: import QtQuick 2.4
2: import QtQuick.Controls 2.3
3: import QtQuick.Layouts 1.0
```

```
 4:
 5: Item {
 6:     id: item_root
 7:
 8:     property alias hour: tumbler_hour.currentIndex
 9:     property alias min: tumbler_minute.currentIndex
10:     property alias sec: tumbler_second.currentIndex
11:
12:     property alias button_sound: button_sound
13:     property alias roundbutton_set: roundbutton_set
14:
15:     property real fontPointSize: 20    // 画面に使用する文字サイズ定義
16:
17:     ...
```

6.2.1.4　タイマー画面のQMLオブジェクトパーツの配置

図6.10: タイマー画面パーツ配置（KitchenTimerExecuteForm.ui.qml）

図6.10のように、図6.4のおおよその場所へQMLオブジェクトを配置してみましょう。

今回、Circle Progressとしてユーザー独自のパーツを配置しますが、その作成は後ほど行いますので、Rectangleのパーツを一時的に配置して位置決めしておきます（あとで差し替えを行います。）。設定画面のパーツ配置と同様にここでも、

・QMLではナビゲーターの表示で下に行くほどQMLオブジェクトのレイヤーが上位に表示される
・あとでレイアウト配置するパーツは、順番に配置する。

を意識してパーツ配置していきましょう。タイマー画面のQMLオブジェクトの配置は、次のよう

に行います。

リスト6.4: タイマー画面パーツ配置 (KitchenTimerExecuteForm.ui.qml)

```
 1: import QtQuick 2.4
 2: import QtQuick.Controls 2.3
 3: import QtQuick.Layouts 1.0
 4:
 5: Item {
 6:     width: 400
 7:     height: 450
 8:
 9:     anchors.fill: parent // 上下左右の全てのアンカーを親(Item)と同じにする
10:
11:     /*サークルプログレス(独自UI配置前に暫定でRectangleを配置) */
12:     Rectangle {
13:         id: circleProgress
14:
15:         width: 400
16:         height: width
17:         color: "#f0f0f0"
18:         /* プログレスは親(Item)の表示幅に合わせる */
19:         Layout.preferredWidth: parent.width
20:         /* 水平・垂直にオブジェクトを配置 */
21:         Layout.alignment: Qt.AlignHCenter | Qt.AlignVCenter
22:
23:         Text {
24:             id: text1
25:             color: "#ff0000"
26:             text: qsTr("CircleProgress")
27:             anchors.horizontalCenter: parent.horizontalCenter
28:             anchors.verticalCenter: parent.verticalCenter
29:             font.pixelSize: 12
30:         }
31:     }
32:
33:     /* タイマーストップ / タイマー設定画面への遷移ボタン */
34:     Button {
35:         id: button_stop
36:         x: 150
37:         y: 400
38:         text: qsTr("Stop")
39:         font.pointSize: 20
```

第6章　GUIアプリケーションの作成 | 77

```
40:            /* 水平・垂直にオブジェクトを配置 */
41:            Layout.alignment: Qt.AlignHCenter | Qt.AlignVCenter
42:            Layout.preferredHeight: 40
43:            /* 幅は、親 (ColumnLayout) の 2/3 サイズ */
44:            Layout.preferredWidth: parent.width * 2/3
45:        }
46:
47:        /* タイマーカウントダウンラベル */
48:        Label {
49:            id: label_time_count
50:
51:            width: parent.width        // 親 (Item) の表示幅に合わせる
52:            text: qsTr("00:00:00")
53:            /* 水平アンカーを親 (Item) の水平中心に合わせる */
54:            anchors.horizontalCenter: parent.horizontalCenter
55:            /* 垂直アンカーを親 (Item) の垂直中心に合わせる */
56:            anchors.verticalCenter: parent.verticalCenter
57:            font.pointSize: 70
58:            verticalAlignment: Text.AlignVCenter      // ラベルの縦方向中央に配置
59:            horizontalAlignment: Text.AlignHCenter   // ラベルの横方向中央に配置
60:        }
61: }
```

次に、タイマー画面の各QMLオブジェクトをレイアウトします。

Rectangleで定義したCircle Progress、のStop Buttonを、ナビゲータでまとめて選択後、「Layout」→「ColumnLayout」を選択し、レイアウトをしていきます。

図6.11: タイマー画面レイアウト配置（KitchenTimerExecuteForm.ui.qml）

リスト6.5: タイマー画面レイアウト配置（KitchenTimerExecuteForm.ui.qml）

```
 1: import QtQuick 2.4
 2: import QtQuick.Controls 2.3
 3: import QtQuick.Layouts 1.0
 4:
 5: Item {
 6:     width: 400
 7:     height: 450
 8:
 9:     ColumnLayout {
10:         anchors.fill: parent // 上下左右の全てのアンカーを親(Item)と同じにする
11:
12:         /*サークルプログレス（独自UI配置前に暫定でRectangleを配置）*/
13:         Rectangle {
14:             id: circleProgress
15:
16:             ...
17:         }
18:
19:         /* タイマーストップ / タイマー設定画面への遷移ボタン */
20:         Button {
21:             id: button_stop
22:             ...
23:         }
24:     }
```

第6章　GUIアプリケーションの作成　79

```
25:
26:     /* タイマーカウントダウンラベル */
27:     Label {
28:         id: label_time_count
29:
30:             ...
31:     }
32: }
```

タイマー画面のプロパティーエイリアスも合わせて設定していきましょう。設定するのは、

・circleProgress/button_stop(Stopボタンのid名)

です。

図6.12: タイマー画面プロパティー設定（KitchenTimerExecuteForm.ui.qml）

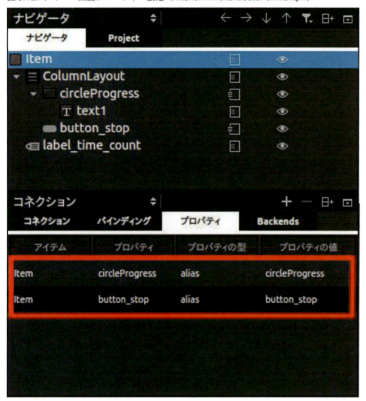

リスト6.6: タイマー画面プロパティー設定（KitchenTimerExecuteForm.ui.qml）

```
1: import QtQuick 2.4
2: import QtQuick.Controls 2.3
3: import QtQuick.Layouts 1.0
4:
```

```
 5: Item {
 6:     // circleProgressのプロパティーエイリアス */
 7:     property alias circleProgress: circleProgress
 8:     /* stop buttonのプロパティーエイリアス */
 9:     property alias button_stop: button_stop
10:     width: 400
11:     height: 450
12:
13:     ・・・
```

6.2.2　ボタン等のオブジェクトイベントの通知

　ここでは、画面間のオブジェクトのイベント通知について解説します。

　「5.2.2.1 値が変更された場合のシグナルを追加」では、Python〜QML間のイベント通知において Qtの特徴的な機能である、シグナルとスロットでのイベント通知を説明しました。

　QML〜QML間でも同様にシグナルやスロットによってボタン等のイベントを他の画面QMLへ通知することが可能になっています。

・"シグナル"とは、オブジェクトの状態が変わった場合に発行する機能
・"スロット"とは、そのシグナルを受け取り、その後にオブジェクトの状態を変更させたり、何らかのアクションを起こす為の関数

として設定することが可能です。

　QMLファイルは、「4.2.4 Qt Quick を使用したロジックとデザインの切り分け」でも説明したように、

・拡張子 .ui.qmlで終わるQMLのサブセットをQt Creatorで使用するQt Quickデザイナーで編集するUIフォームQMLファイル
・拡張子 .qmlで終わるものを実際の動作として命令型のコードを使用するQMLファイル。

となっていますので、図6.13のような仕組みでシグナルやスロットを設定していきます。

第6章　GUIアプリケーションの作成　　81

図 6.13: QML 間のシグナルスロット

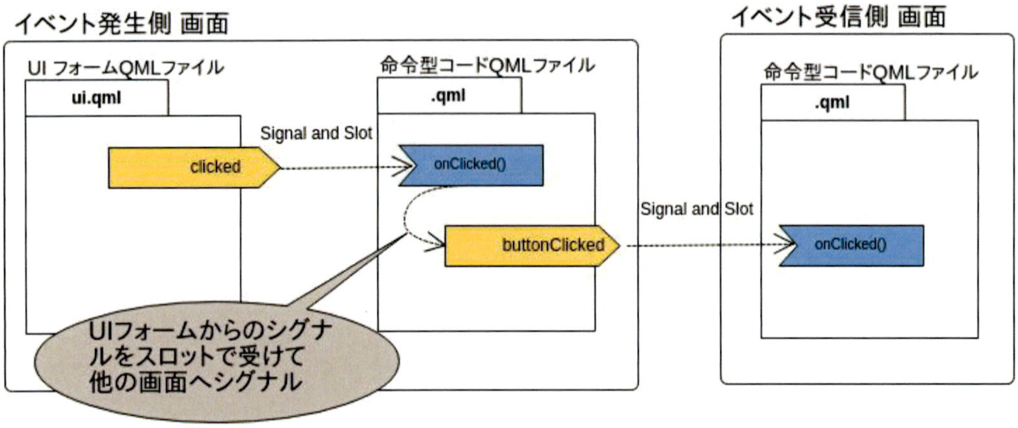

命令型のコードである QML 側にシグナルやスロットをまとめることにより、QML のコードの見通しがよくなります。

タイマー設定画面の命令型コード QML である"KitchenTimerExecute.qml"と、設定画面の命令型コード QML である"KitchenTimerSetting.qml"、それぞれのコードに次のようにシグナルスロットを設定していきましょう。

6.2.2.1 UI フォームでのシグナル設定

Qt Quick デザイナーでシグナルを発生される QML オブジェクトを選択し、右クリック→「Add New Signal Handler」をクリックします。

図 6.14: ui.qml でのシグナル設定

命令型のコードの QML ファイルに移動し、シグナルハンドラの実装（図 6.15）ダイヤログが表示されるので、適切なシグナル（ここでは、cliecked）を選択します。

図6.15: .qml命令型コードへのスロット設定

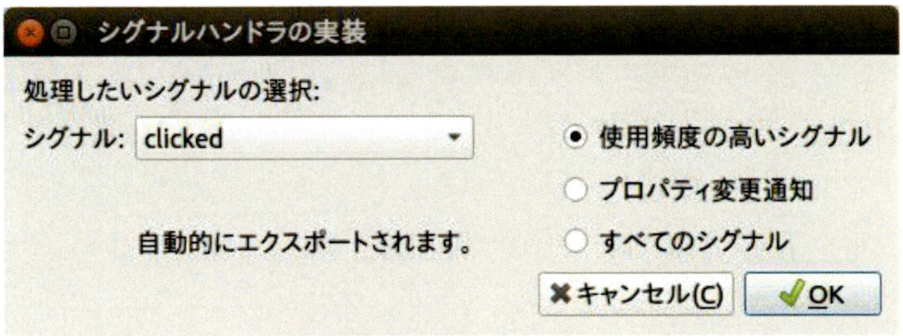

次のようなスロット処理が追加されますので、中括弧の中に処理を追加していきます。

```
${プロパティーエイリアス名}.onClicked: {
    /* ここにスロットで受けた後の処理を追加する */
     ・・・

}
```

スロットの定義は、次のようになっています。

on + 先頭が大文字となるシグナル名で定義されることに注意してください。

```
${プロパティーエイリアス名}.on${ 先頭文字が大文字の シグナル名}
```

6.2.2.2　命令型コードQMLでのシグナル設定

次に、命令型コードのQMLファイルで追加するシグナルについて説明します。

命令型コードのQMLでのシグナル定義は、"カスタムQMLタイプでのシグナル定義"となり、記法は、次のようになっています[1]。

カスタムQMLタイプでのシグナル定義

```
signal ＜name＞()
```

また、QMLのシグナルのコードの記述は、

・呼び出す側のrootエレメント側にシグナル定義を追加する

・シグナルは、通常のJavaScriptメソッドとして呼び出す

・シグナル名は、最初の文字は小文字で定義する

となっています。受け手側のスロット定義は、通常のシグナルと同様に

on + 先頭が大文字となるシグナル名

で受け取ることが可能です。

1.Signal and Handler Event System : http://doc.qt.io/qt-5/qtqml-syntax-signals.html#adding-signals-to-custom-qml-types

第6章　GUIアプリケーションの作成　｜　83

6.2.2.3 シグナルとスロットを追加した命令型コードQML

シグナルとスロットが追加されたコードを次に示します。

リスト6.7: 設定画面シグナル・スロット（KitchenTimerSetting.qml）

```
 1: import QtQuick 2.4
 2:
 3: KitchenTimerSettingForm {
 4:     id:root
 5:
 6:     /* タイマーカウントダウンtext表示データint (hour:min:sec) */
 7:     property alias hour: root.hour
 8:     property alias min: root.min
 9:     property alias sec: root.sec
10:
11:     /* KitchenTimerSetting QMLシグナル定義 */
12:     signal soundClicked()     // "Sound"ボタンクリック
13:     signal setClicked()       // ">"ボタンクリック
14:
15:     /* KitchenTimerSetting QMLスロット処理 */
16:     button_sound.onClicked: {
17:         /*
18:          * KitchenTimerSettingForm の id:button_sound オブジェクト
19:          *  のクリックスロットから、KitchenTimerSettingのシグナルを呼ぶ。
20:          */
21:         soundClicked()
22:     }
23:
24:     roundbutton_set.onClicked: {
25:         /*
26:          * KitchenTimerSettingForm の id:roundbutton_set オブジェクト
27:          *  のクリックスロットから、KitchenTimerSettingのシグナルを呼ぶ。
28:          */
29:         setClicked()
30:     }
31: }
```

リスト6.8: タイマー画面シグナル・スロット（KitchenTimerExecute.qml）

```
 1: import QtQuick 2.4
 2:
 3: KitchenTimerExecuteForm {
 4:     id: root
 5:
```

84 | 第6章　GUIアプリケーションの作成

```
 6:        /* KitchenTimerExecute QMLシグナル定義 */
 7:        signal stopClicked()      // "Stop"ボタンクリック
 8:
 9:        /*
10:         * KitchenTimerExecute QMLスロット処理
11:         */
12:        button_stop.onClicked: {
13:            /*
14:             * KitchenTimerExecuteForm の id:button_stop オブジェクト
15:             *  のクリックスロットから、KitchenTimerExecuteのシグナルを呼ぶ。
16:             */
17:            stopClicked()
18:        }
19: }
```

6.2.2.4 設定画面とタイマー画面の配置

タイマー画面は次の図6.16のように、設定画面の左側（X位置がマイナス）の位置に配置します。また設定画面を表示する・しないを判断するフラグ（リスト6.9）を追加します。

図6.16: KitchenTimer Top 画面構成（KitchenTimer.qml）

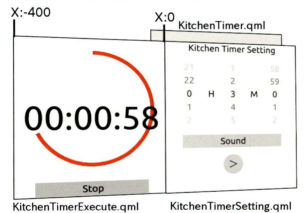

リスト6.9: 設定画面を表示する・しないを判断するフラグプロパティー

```
// タイマー画面 表示フラグ
property bool isExecute: false
```

該当するQMLコードは、リスト6.10のとおりです。

リスト6.10: 設定画面/タイマー画面の配置（KitchenTimer.qml）

```
1: import QtQuick 2.4
2:
3: Item {
4:     id : kitchen_timer_root
5:
6:     // タイマー画面 表示フラグ
7:     property bool isExecute: false
8:
9:     width:  400
10:     height: 450
11:
12:     // 設定画面
13:     KitchenTimerSetting {
14:         id: setting
15:
16:         width: parent.width
17:         height: parent.height
18:
19:         // (>)ボタンClickスロット動作
20:         onSetClicked: {
21:             isExecute = true      // タイマー画面表示をON
22:
23:             /* タイマー画面:タイマーカウントダウンtext表示データ セット */
24:             execute.count_text
25:                 = ('00' + setting.hour).slice( -2 ) + ":"
26:                 +('00' +  setting.min).slice( -2 ) + ":"
27:                 +('00' +  setting.sec).slice( -2 )
28:
29:             ・・・
30:         }
31:         ・・・
32:     }
33:
34:     // タイマー画面
35:     KitchenTimerExecute{
36:         id: execute
37:
38:         width: parent.width
39:         height: parent.height
40:
41:         // 設定画面(id:setting)のxプロパティーから
```

86 | 第6章　GUIアプリケーションの作成

```
42:        //     親要素(parent)の横幅(width)分だけずらした値に
43:        //     横手方向(X方向)に配置する
44:        x: setting.x - parent.width
45:
46:        // StopボタンClickスロット動作
47:        onStopClicked: {
48:            isExecute = false      // タイマー画面表示をOFF
49:            ...
50:        }
51:        ...
52:    }
53: }
```

6.2.3 画面切り替えアニメーションの設定

タイマー画面表示フラグを使用して、タイマー画面の表示動作にアニメーションを追加してみましょう。次のように、タイマー画面をQMLのアニメーション機能を使って移動させます。

図6.17: タイマー画面遷移（KitchenTimer.qml）

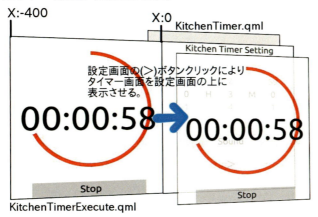

アニメーションを追加するには、
・状態の変化制御をおこなう state QMLタイプ
・状態の変化のアニメーション制御をおこなう Transition QMLタイプ
を組み合わせて使用します。それぞれの制御について見ていきましょう。

6.2.3.1 状態の変化制御をおこなう state QMLタイプ

state QMLタイプにより状態変化の制御をおこなうことができます[2]。

2.Qt Documentation - State QML Type :http://doc.qt.io/qt-5/qml-qtquick-state.html

今回は、設定画面を表示する・しないを判断するフラグプロパティーを使用するので、steteのプロパティーのbool型であるwhenを使用することにより状態を変化させます。

　state QMLタイプの記法は、リスト6.11のとおりです。

リスト6.11: state QMLタイプ記法

```
// 状態の作成を定義する
states: [
    // 対象となるプロパティーオブジェクトと制御タイプを指定します。
    State {
        name: ＜プロパティー状態の名前＞
            when: ＜状態変化の制御対象のbool型プロパティー＞
        ＜Qt Quickステート制御変更タイプ＞
    },
    State {
        ・・・
    }
    ・・・
]
```

　Qt Quickステート制御変更タイプについては、表6.1のタイプが選択できます。

表6.1: Qt Quickステート制御変更タイプ

ステート制御変更タイプ	説明
AnchorChanges	QMLオブジェクトの位置決めアンカー状態を変更する
ParentChange	QMLオブジェクトの外観を維持しながら位置、サイズ、回転動作等を変更する。
PropertyChanges	QMLオブジェクトのプロパティーを変更する。

　AnchorChanges[3]、ParentChange[4]、PropertyChanges[5]の詳細については、脚注のURLを参照してください。

　タイマー画面が右側のスライドするように見せる為、設定画面の「(＞)ボタン」を押した時に、タイマー画面の"アイテムのX位置"のプロパティーを変更し、設定画面の座標に移動する動作をState動作で実現していきます。

　該当するQMLコードは、リスト6.12のとおりです。

リスト6.12: state処理（KitchenTimer.qml）

```
1: import QtQuick 2.4
2:
3: Item {
```

3.Qt Documentation - AnchorChanges QML Type :http://doc.qt.io/qt-5/qml-qtquick-anchorchanges.html

4.Qt Documentation - ParentChange QML Type :http://doc.qt.io/qt-5/qml-qtquick-parentchange.html

5.Qt Documentation - PropertyChanges QML Type :http://doc.qt.io/qt-5/qml-qtquick-propertychanges.html

```
 4:     ・・・・
 5:     property bool isExecute: false      // タイマー画面 表示フラグ
 6:     ・・・・
 7:     KitchenTimerSetting {    // 設定画面
 8:         id: setting
 9:         ・・・・
10:         // (>) ボタンClickスロット動作
11:         onSetClicked: {
12:             isExecute = true     // タイマー画面表示をON
13:             ・・・
14:         }
15:         ・・・
16:     }
17:     KitchenTimerExecute{     // タイマー画面
18:         id: execute
19:         ・・・
20:         // StopボタンClickスロット動作
21:         onStopClicked: {
22:             isExecute = false      // タイマー画面表示をOFF
23:             ・・・
24:         }
25:         ・・・
26:         states: [
27:             State {     // タイマー画面表示がONの場合
28:                 when: isExecute
29:                 PropertyChanges {
30:                     // 対象：id execute（KitchenTimerExecute QMLオブジェクト）
31:                     target: execute
32:                     // id setting（KitchenTimerSetting QMLオブジェクト）の
33:                     // xプロパティー値に変更する。
34:                     x: setting.x
35:                 }
36:             },
37:             State {     // タイマー画面表示がOFFの場合
38:                 when: !isExecute
39:                 PropertyChanges {
40:                     // 対象：id execute（KitchenTimerExecute QMLオブジェクト）
41:                     target: execute
42:                     /*
43:                      * 設定画面（id:setting）のxプロパティーから
44:                      * 親要素（parent）の横幅（width）分だけずらした値に
```

第6章　GUIアプリケーションの作成　｜　89

```
45:                          * xプロパティー値に変更する。
46:                          */
47:                          x: setting.x - parent.width
48:                      }
49:                  }
50:              ]
51:          ...
52:      }
53:      ...
54: }
```

　状態変化によって、プロパティーを変更させることができました。現状では一瞬で状態が切り替わってしまいます。アニメーション効果を追加することにより、なめらかに動作をさせていきます。

6.2.3.2　状態の変化のアニメーション制御をおこなう Transition QML タイプ

　Transition QML タイプにより、状態変化のアニメーション制御ができます[6]。

　Transition QML タイプの記法は、リスト6.13のとおりです。

リスト6.13: Transition QMLタイプ記法

```
// アニメーションを定義する
transitions: [
    Transition {
        <Qt Quickアニメーションプロパティー タイプ>
    },
    Transition {
        <Qt Quickアニメーションプロパティー タイプ>
    },
    ...
]
```

　Qt Quickアニメーションプロパティー タイプについては、表6.2のタイプが選択できます。

6.Qt Documentation - Transition QML Type :http://doc.qt.io/qt-5/qml-qtquick-transition.html

90 │ 第6章　GUIアプリケーションの作成

表6.2: Qt Quick アニメーションプロパティー タイプ

アニメーションタイプ	説明
AnchorAnimation	位置決めアンカー変化させるアニメーションを設定する。
ColorAnimation	色変化させるアニメーションを設定する。
NumberAnimation	real型の値を変化させるアニメーションを設定する。
ParentAnimation	外観を維持しながら位置、サイズ、回転動作等を変化させるアニメーションを設定する。
PathAnimation	XY等の位置パスなしで変化させるアニメーションを設定する。
PropertyAnimation	プロパティーの値を変化させるアニメーションを設定する。
RotationAnimation	回転変化させるアニメーションを設定する。
Vector3dAnimation	QVector3dのアニメーションを設定する。

それぞれのアニメーション効果の詳細については、

・Qt Documentation の Animation and Transitions in Qt Quick

　　—http://doc.qt.io/qt-5/qtquick-statesanimations-animations.html

を参照してください。

それではタイマー画面を、最初にゆっくりと、後半から急峻に動作させるアニメーションを作成していきます。 該当するQMLコードは、リスト6.14のとおりです。

リスト6.14: transitions処理（KitchenTimer.qml）

```
 1: import QtQuick 2.4
 2:
 3: Item {
 4:
 5:     ・・・・
 6:
 7:     // タイマー画面
 8:     KitchenTimerExecute{
 9:         id: execute
10:
11:         ・・・
12:
13:         states: [
14:             State {
15:                 ・・・
16:             },
17:             ・・・
18:         ]
19:         // アニメーションを定義する
20:         transitions: [
21:             Transition {
22:                 // 値の変化に対してアニメーションを設定
```

第6章　GUIアプリケーションの作成　｜　91

```
23:                      NumberAnimation {
24:                          // 対象：id execute（KitchenTimerExecute QMLオブジェクト）
25:                          target: execute
26:
27:                          // アニメーション対象は、xプロパティー値
28:                          properties: "x"
29:                          // アニメーション動作時間を1000msで動作させる
30:                          duration: 1000
31:                          // アニメーション動作を指定。最初ゆっくり・後半急峻
32:                          easing.type: Easing.OutExpo
33:                      }
34:                  }
35:              ]
36:
37:          ・・・
38:      }
39:      ・・・
40: }
```

　ここで設定したeasing.typeプロパティーは、さまざまなアニメーションを動作カーブが設定でき
ます。
　アニメーション動作カーブの詳細については、
　・Qt DocumentationのPropertyAnimation QML Type - easing group項
　　—http://doc.qt.io/qt-5/qml-qtquick-propertyanimation.html#easing.type-prop
を参照してください。

6.2.4　独自の画面パートである円状プログレスバーの作成

　今回作成するアプリケーションには円状プログレスバーを配置しますが、Qt Quick Controlsのオ
ブジェクトには該当するオブジェクトはありません。
　・基本的なビジュアルの制御をできるItem QMLタイプ
　・塗りつぶしなどができる長方形Rectangle QMLタイプ
　これらを使用して、独自のパーツであるQMLオブジェクトを作成します。作成するQMLのオブ
ジェクトのレイヤー配置と動作の概要を図6.18に示します。

図6.18: QMLのレイヤ構成（左半分の構成のみ）

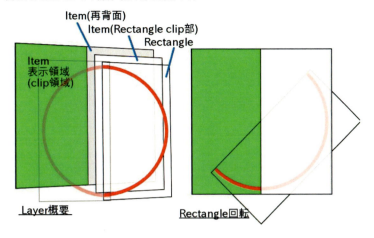

6.2.4.1 基本となるItem表示領域（clip領域）の構成

それでは、独自のパーツを作成しましょう。まずは表示領域（clip領域）のItem QMLオブジェクトを作成します。rootのItemでQMLオブジェクトの縦・横サイズのプロパティーを設定し、横・縦幅のプロパティー（"width"・"height"）に設定します。その中に、それぞれidを"item_left"・"item_right"として横方向（Row）にレイアウト配置します。またプロパティーの**クリッピング（"clip"）**を有効にします。

---

clipプロパティーとクリッピング

clipプロパティーがtrueである場合、そのQMLオブジェクトの子要素を描画する際にクリッピング処理（親の表示領域でのみ描画）されます。

図6.19: Qt Quickデザイナーの設定

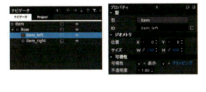

該当するQMLコードは、リスト6.15のとおりです。

リスト6.15: 画面のベース配置（CircleProgressForm.ui.qml）

```
1: import QtQuick 2.4
2:
3: Item {
4:     // CircleProgressFormのサイズを決めるプロパティーの設定
5:     property real width_height: 400
```

```
 6:        // サークル状にするので、縦横比を揃える
 7:        width: width_height
 8:        height: width_height
 9:
10:        Row {
11:            width: width_height
12:            height: width_height
13:            Item {
14:                id: item_left
15:                // 子であるItem 幅は、親オブジェクトの1/2のサイズ
16:                width: parent.width / 2
17:                height: parent.height
18:                // クリッピングを有効
19:                clip: true
20:            }
21:
22:            Item {
23:                id: item_right
24:                // 子であるItem 幅は、親オブジェクトの1/2のサイズ
25:                width: parent.width / 2
26:                height: parent.height
27:                // クリッピングを有効
28:                clip: true
29:            }
30:        }
31: }
```

6.2.4.2　CircleProgress部 パスの構成

　次の図のようにRectangleの半分の領域だけを表示させるため、表示領域（clip領域）のItem QML
オブジェクトを作成します（右半分がItemオブジェクトのclip範囲です）。

図6.20: Rectangle パス構成（左半分）

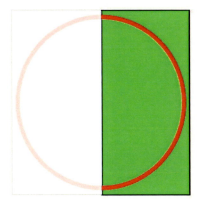

Qt Quick デザイナーでの設定は図6.21、該当する QML コードはリスト 6.16 です。

図6.21: Qt Quick デザイナー Rectangle パス構成

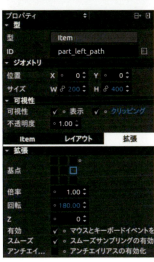
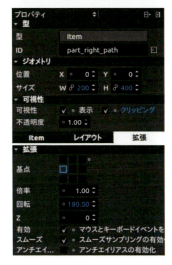

リスト6.16: 画面 Rectangle パス配置（CircleProgressForm.ui.qml）

```
 1: import QtQuick 2.4
 2:
 3: Item {
 4:     ・・・
 5:     Row {
 6:         Item {
 7:             ・・・
 8:             Item {
 9:                 id: part_left_path
10:                 // 親オブジェクトと同じサイズ
11:                 width: parent.width
12:                 height: parent.height
13:                 //時計回りに180度回転して配置する
14:                 rotation: 180
15:                 //回転の原点を右端の中心にする
16:                 transformOrigin: Item.Right
17:                 // クリッピングを有効
18:                 clip: true
19:             }
20:         }
21:         Item {
22:             ・・・
23:             Item {
24:                 id: part_right_path
25:                 // 親オブジェクトと同じサイズ
26:                 width: parent.width
27:                 height: parent.height
28:                 //時計回りに180度回転して配置する
29:                 rotation: 180
30:                 //回転の原点を左端の中心にする
31:                 transformOrigin: Item.Left
32:                 // クリッピングを有効
33:                 clip: true
34:             }
35:         }
36:     }
37: }
```

6.2.4.3　CircleProgress部 Rectangleの構成

Rectangle QMLタイプを使用して、ProgressのQMLオブジェクトを作成します。

ポイントは次の3点です。
- Rectangle自体の色は、透過色にする
- Progress表示部は、Rectangleのborderプロパティーを使用して、境界線の幅のサイズ（border.width）で定義境界線の色（border.color）でProgressカラーの定義
- Rectangleの方形の角丸みを設定する、radiusを縦横幅の1/2のサイズにして円状の形状にする

図6.22: Rectangleの変更プロパティー概要

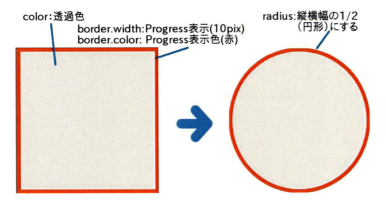

Qt Quickデザイナーの設定は図6.23、該当するQMLコードはリスト6.17です。

図 6.23: Qt Quick デザイナー Rectangle 構成

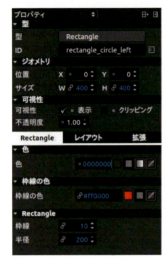
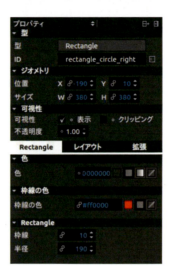

リスト 6.17: 画面 Rectangle パス配置（CircleProgressForm.ui.qml）

```
 1: import QtQuick 2.4
 2:
 3: Item {
 4:     id: item_root
 5:     ...
 6:     // Progress表示用のRectangle border.widthサイズプロパティー定義
 7:     property int borderWidth: 10
 8:     // Progress表示用のRectangle border.colorプロパティー定義
 9:     property color borderColor: "red"
10:     ...
11:
12:     Row {
13:         ...
14:         Item {
15:             ...
16:             Item {
17:                 ...
```

```
18:                            // CircleProgress表示部
19:                            Rectangle {
20:                                id: rectangle_circle_left
21:                                width: item_root.width
22:                                height: item_root.height
23:                                color: "#00000000"        //透過色 ("transparent"とも表現できる)
24:                                radius: width / 2          // 外形を円状にする
25:                                border.color: borderColor        // Progress表示サイズの部分
26:                                border.width: borderWidth        // Progress表示色の部分
27:                            }
28:                        }
29:                    }
30:            Item {
31:                ・・・
32:                    Item {
33:                        ・・・
34:                            // CircleProgress表示部
35:                            Rectangle {
36:                                id: rectangle_circle_right
37:                                x: (width / 2) * -1
38:                                width: item_root.width
39:                                height: item_root.height
40:                                color: "#00000000"        //透過色 ("transparent"とも表現できる)
41:                                radius: width / 2
42:                                border.color: borderColor
43:                                border.width: borderWidth
44:                            }
45:                        }
46:                    }
47:            }
48: }
```

　UIのフォーム作成は以上で完了です。次にプログレス部の実装を進めていきます。

6.2.4.4　CircleProgress プログレス処理のアニメーション

　プログレス処理は、UIフォームの円状Rectangleをアニメーションで動かすことにより実現していきます。

　ふたつの円状Rectangleを順番に動かしていくので、定義したアニメーションを順番に実行する"SequentialAnimation"を使用します。アニメーション動作は「CircleProgress部 パスの構成」で作成したItem QMLオブジェクトの"rotation"プロパティーの値を"180"から"360"まで変更す

第6章　GUIアプリケーションの作成　｜　99

るアニメーションで実現します。

ここからはQt QuickデザイナーのUIでは作成できないため、QtCreatorをCodingする編集モードにして処理を作成していきます。

CircleProgress_qmlを作成していく前に、"rotation"プロパティーをailasプロパティーとして公開しておきます。該当箇所のQMLコードはリスト6.18になります。

リスト6.18: aliasプロパティー設定（CircleProgressForm.ui.qml）

```
1: import QtQuick 2.4
2:
3: Item {
4:     id: item_root
5:     # aliasとして該当Itemのidを Export する
6:     property alias part_right_path: part_right_path
7:     property alias part_left_path: part_left_path
8:     ・・・
9: }
```

アニメーション処理のQMLコードは。リスト6.19です。

リスト6.19: アニメーション処理（CircleProgressForm.qml）

```
1: import QtQuick 2.4
2:
3: CircleProgressForm {
4:     // 円状プログレスの動作時間 (秒)
5:     property int progresstimer: 5
6:
7:     // 右側->左側の順番にアニメーションを実施する
8:     SequentialAnimation {
9:         id: progress_animation
10:        // Item QMLオブジェクトのpart_right_pathの回転を180->360まで移動させる
11:        PropertyAnimation {
12:            target: part_right_path
13:            property: "rotation"
14:            to: 360
15:            // 設定された1/2の時間だけ動作（右半分）
16:            duration: (progresstimer * 1000) / 2
17:        }
18:        PropertyAnimation {
19:            target: part_left_path
20:            property: "rotation"
21:            to: 360
22:            // 設定された1/2の時間だけ動作（左半分）
```

100 | 第6章　GUIアプリケーションの作成

```
23:            duration: (progresstimer * 1000) / 2
24:          }
25:      }
26: }
```

6.2.4.5　CircleProgress プログレス処理のアニメーションの制御

次の機能を作成して、アニメーションの制御を行います。

・プログレスバー開始メソッド／機能：プログレスバーの初期化、アニメーションの開始
・プログレスバー終了メソッド／機能：アニメーションの停止

QMLでは、内部にJavaScriptによるカスタムメソッドの作成が可能です。CircleProgress_qml に、JavaScriptによるカスタムメソッド経由でアニメーションの制御をさせていきます。

"SequentialAnimation"では、開始・終了をAnimation QMLタイプの"start()"、"stop()"メソッ ドで実行可能です。

アニメーション制御のJavaScriptメソッドQMLコードはリスト6.20です。

リスト6.20: JavaScript 処理（CircleProgressForm.qml）

```
 1: import QtQuick 2.4
 2:
 3: CircleProgressForm {
 4:     property int progresstimer: 5
 5:     // プログレスバー動作開始
 6:     function start() {
 7:         // プログレスバーを初期位置に戻す
 8:         part_left_path.rotation = 180
 9:         part_right_path.rotation = 180
10:         // SequentialAnimation を開始する
11:         initCircle.start()
12:     }
13:
14:     // プログレスバー動作停止
15:     function stop() {
16:         // SequentialAnimation を停止する
17:         initCircle.stop()
18:     }
19:
20:     SequentialAnimation {
21:         id: progress_animation
22:     }
```

6.2.4.6 独自パーツCircleProgressをタイマー画面に配置

「6.2.1.4 タイマー画面のQMLオブジェクトパーツの配置」では、独自パーツを配置する箇所にRectangleオブジェクトを配置していました。これを独自パーツCircleProgressに置き換えてみましょう。

図6.24: Text EditorによるQMLオブジェクトの置き換え（KitchenTimerExecute-Form.ui.qml）

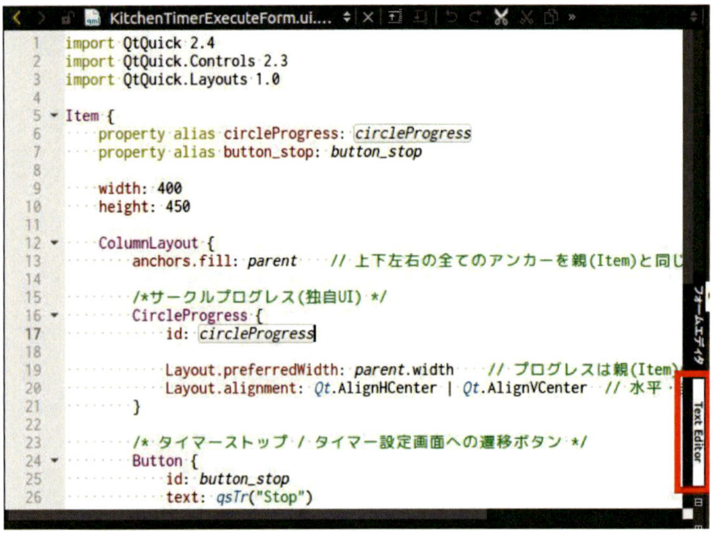

キャンパスの右下に「Text Editor」のタブ（図6.24）をクリックすると、GUIモードからTextモードに切り替わります。

Rectangle‖をCircleProgress‖へ置き換えてみましょう。また、プロパティーエイリアスも同時に設定しておきます。置き換える内容は、リスト6.21次のとおりです。

リスト6.21: 独自UI CircleProgressへの置き換え（KitchenTimerExecuteForm.ui.qml）

```
 1: import QtQuick 2.4
 2: import QtQuick.Controls 2.3
 3: import QtQuick.Layouts 1.0
 4:
 5: Item {
 6:     ・・・
 7:     height: 450
 8:
 9:     /* int プログレス カウントダウン時間 (sec) */
10:     property alias progresstimer: circleProgress.progresstimer
11:     /* タイマーカウントダウンtext表示データ (HH:MM:SS) */
12:     property alias count_text: label_time_count.text
13:
14:     ColumnLayout {
```

102 | 第6章 GUIアプリケーションの作成

```
15:        anchors.fill: parent // 上下左右の全てのアンカーを親(Item)と同じにする
16:
17:        /*サークルプログレス(独自UI) */
18:        CircleProgress {
19:            id: circleProgress
20:
21:            /* プログレスは親(Item)の表示幅に合わせる */
22:            Layout.preferredWidth: parent.width
23:            /* 水平・垂直にオブジェクトを配置 */
24:            Layout.alignment: Qt.AlignHCenter | Qt.AlignVCenter
25:        }
26:
27:        /* タイマーストップ / タイマー設定画面への遷移ボタン */
28:        Button {
29:            ・・・
```

6.2.4.7　独自パーツCircleProgressのプログレス開始・停止処理の追加

命令型のコードQMLのKitchenTimerExecute.qmlへ、独自パーツCircleProgressのプログレス開始・停止処理を追加していきます。追加の内容はリスト6.22のとおりです。

リスト6.22: 命令型のコードQMLへのプログレス開始・停止処理追加（KitchenTimerExecute.qml）

```
 1: import QtQuick 2.4
 2:
 3: KitchenTimerExecuteForm {
 4:     id: root
 5:
 6:     /* タイマーカウントダウンtext表示データ(HH:MM:SS) */
 7:     property alias count_text : root.count_text
 8:
 9:     /*
10:      * Progress表示開始
11:      * int time : カウントダウン時間(sec)
12:      */
13:     function progressStart(time) {
14:         root.circleProgress.progresstimer = time
15:         root.circleProgress.start()
16:     }
17:
18:     /* Progress停止 */
19:     function progressStop() {
```

第6章　GUIアプリケーションの作成　103

```
20:        root.circleProgress.stop()
21:    }
22:
23:    /* KitchenTimerExecute QMLシグナル定義 */
24:    ・・・
25: }
```

次にQML全体の処理として、設定画面・タイマー画面の画面遷移側のKitchenTimer.qmlにも
CircleProgressのプログレス開始・停止処理を追加していきます。

追加する内容はリスト6.23のとおりです。

リスト6.23: プログレス開始・停止処理追加（KitchenTimer.qml）

```
 1: import QtQuick 2.4
 2:
 3: Item {
 4:     ・・・
 5:     /* タイマーカウントダウンtext表示データint (hour:min:sec) */
 6:     property int hour: setting.hour
 7:     property int min:  setting.min
 8:     property int sec:  setting.sec
 9:
10:     ・・・
11:     // 設定画面
12:     KitchenTimerSetting {
13:         id: setting
14:
15:         ・・・
16:
17:         // (>)ボタンClickスロット動作
18:         onSetClicked: {
19:             ・・・
20:             /* タイマー画面:Circle Progressの開始 */
21:             var time = (setting.hour * 60 * 60) + (setting.min * 60)
22:                        + setting.sec
23:             execute.progressStart(time)
24:         }
25:     }
26:
27:     // タイマー画面
28:     KitchenTimerExecute{
29:         id: execute
```

104   第6章　GUIアプリケーションの作成

```
30:
31:         ...
32:
33:         width: parent.width
34:         height: parent.height
35:         ...
36:         // StopボタンClickスロット動作
37:         onStopClicked: {
38:             ...
39:             /* タイマー画面:Circle Progressの停止 */
40:             execute.progressStop()
41:         }
42:         ...
43:     }
44: }
```

6.2.5　Qt QuickでのWindow制御

アプリケーションのGUIでは、画面表示のサイズ制御が必要になってきます。今までPython側から呼び出すQMLファイルは、ItemオブジェクトをTOPのrootに配置していました。この場合、画面の表示サイズを固定するなどの機能がなく、使い勝手としてはあまり良くない構成です。

ここでは、QML側でWindow制御できる"ApplicationWindow"QMLタイプを使用することにします。

図6.25: QML ファイル構成

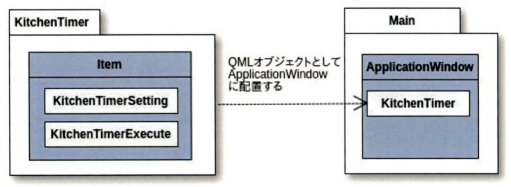

画面のサイズ制限をおこなうには、表6.3のプロパティーを使用します。

表6.3: ApplicationWindow 画面サイズ関連プロパティー タイプ

プロパティー	説明
maximumWidth	Window サイズ幅の最大値を制限する
maximumHeight	Window サイズ高さの最大値を制限する
minimumWidth	Window サイズ幅の最小値を制限する
minimumHeight	Window サイズ高さの最小値を制限する

Window制御をおこなうQMLファイルを作成していきます。

リスト6.24: KitchenTimer.qml

```
 1: import QtQuick 2.4
 2:
 3: Item {
 4:     /* タイマー設定画面オブジェクトID */
 5:     property alias setting: setting
 6:     /* タイマー画面オブジェクトID */
 7:     property alias execute: execute
 8:     /* タイマーカウントダウンtext表示データ(HH:MM:SS) */
 9:     property alias count_text: execute.count_text
10:     ・・・
11:
12:     KitchenTimerSetting {
13:         id: setting
14:         ・・・
15:         /* ">"ボタンクリック スロット処理 */
16:         onSetClicked: {
17:             ・・・
18:
19:             /* タイマー画面:タイマーカウントダウンtext表示データ セット */
20:             execute.count_text
21:                 = ('00' + setting.hour).slice( -2 ) + ":"
22:                 +('00' +  setting.min).slice( -2 ) + ":"
23:                 +('00' +  setting.sec).slice( -2 )
24:
25:             ・・・
26:         }
27:
28:     }
29:
30:     KitchenTimerExecute{
31:         id: execute
```

106 | 第6章　GUIアプリケーションの作成

```
32:        ...
33:    }
34:    ...
35: }
```

リスト6.25: Main.qml

```
 1: import QtQuick 2.4
 2: import QtQuick.Controls 2.3    // ApplicationWindowで使用
 3:
 4: /*
 5:  * Kitchen Timer アプリケーション画面
 6:  */
 7: ApplicationWindow {
 8:    id: root
 9:
10:    title: "Kitchen Timer"
11:
12:    x: screen.desktopAvailableWidth / 2
13:    y: screen.desktopAvailableHeight / 2
14:    width:  400
15:    height: 450
16:    /* 必ず必要 (trueにしないと、Python側からの表示でvisibleされない) */
17:    visible: true
18:
19:    /* ウィンドーサイズを固定する */
20:    minimumWidth: width
21:    minimumHeight: height
22:    maximumWidth: width
23:    maximumHeight: height
24:
25:    ...
26:
27:    KitchenTimer {
28:        id: kitchen_timer
29:
30:        width: parent.width     // 親(ApplicationWindow)の幅に合わせる
31:        height: parent.height    // 親(ApplicationWindow)の高さに合わせる
32:
33:        ...
34:    }
35: }
```

第6章　GUIアプリケーションの作成 | 107

6.2.6 画面作成のまとめ

ここでは画面作成について、Qt Quickを使用した応用として

・UIのアニメーション操作

・独自パーツの作成

・アプリケーションのWindowsサイズ制御

についてのポイントを説明をしました。いろいろなQMLのプロパティーを変化させながら動かしてみてください。

6.3 Pythonにおけるコード作成

Qt for Pythonを使用して、Pythonコードのポイントを説明をしていきます。詳細な実装内容は、本書巻頭の「サンプルコード」のURLからダウンロードして確認してください。

6.3.1 QMLファイルのロードの仕方を変更する

「6.2.5 Qt QuickでのWindow制御」の項で、"ApplicationWindow" QMLタイプの指定を行い、QML側でWindowの制御ができるように変更をしました。

この状態で、Python側でQQuickView()経由でQMLファイルをloadすると、次のwarnnig文字列が出力され起動できない状態となります。

QQuickView()からのwarnning表示

```
QQuickView does not support using windows as a root item.

If you wish to create your root window from QML,
 consider using QQmlApplicationEngine instead.
```

これはmain.qmlの"ApplicationWindow" QMLタイプと、"QQuickView"のウィンドウオブジェクトが重複していることが原因です。QQuickViewクラスは"QQuickWindow"のサブクラスを継承しており、内部でWindowオブジェクトを作成しています。QMLファイルの呼び出しをQQmlApplicationEngineクラスに変更することより、自動的にルートウィンドウを作成しないため、これを回避できます。

QQmlApplicationEngineの 詳 し い 説 明 に つ い て は 、Qt Documentationの QQmlApplicationEngine[7]を参照してみてください。

QQmlApplicationEngineクラスを使用したQMLファイルの読み出しコードをリスト6.26に示します。

リスト6.26: QQmlApplicationEngineクラスを使用したQMLファイルの読み出し

7.http://doc.qt.io/qt-5/qqmlapplicationengine.html

```
 1: import sys
 2: from PySide2.QtWidgets import QApplication
 3: from PySide2.QtQml import QQmlApplicationEngine
 4: from PySide2.QtCore import QUrl
 5:
 6: def main():
 7:     app = QApplication([])
 8:     # QQmlApplicationEngineのインスタンスの生成
 9:     engine = QQmlApplicationEngine()
10:     url = QUrl("Main.qml")
11:     # QMLファイルのロード
12:     engine.load(url)
13:     # ルートオブジェクトのリストが見つからない場合は
14:     # 起動できないため、終了する
15:     if not engine.rootObjects():
16:         sys.exit(-1)
17:
18:     ret = app.exec_()
19:     sys.exit(ret)
20:
21:
22: if __name__ == '__main__':
23:     main()
```

6.3.2　QML側からPythonで参照するクラスを作成する

6.3.2.1　QMLとPythonでのカウントダウン制御連携

　QMLのボタン動作から、Pythonでのカウントダウン処理を連携させる方法について説明します。図6.26はQML〜Python間の連携図です。

図 6.26: タイマーカウントダウンインターフェース

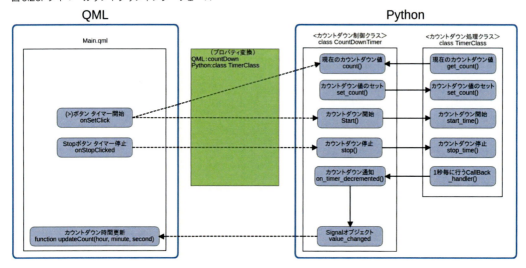

前章で説明したように"setContextProperty"によりプロパティーバインディングし、QML側からPython側へ値を渡すことが可能です。

@Propertyデコレータにて、QMLのプロパティーとしてバインディングできます。メソッドをバインディングする場合には、@Slotデコレータを使用することにより、Python側のメソッドをQML側で呼び出すことが可能です。QMLとPython間での該当するコードを見ていきましょう。

リスト 6.27: Python - main.py プロパティーの設定部抜粋

```
1: ...
2: def main():
3:     ...
4:     engine = QQmlApplicationEngine()
5:     ctimer = CountDownTimer()
6:     # CountDownTimerクラスをQMLのcountDownとしてバインディングする
7:     engine.rootContext().setContextProperty("countDown", ctimer)
8:     ...
```

リスト 6.28: Python - count_down_timer.py プロパティーバインディング部抜粋

```
1: from PySide2.QtCore import QObject, Signal, Property, Slot, Qt
2:
3: ...
4: # QML側でQMLのタイプとしてアクセスするPythonクラス
5: class CountDownTimer(QObject):
6:     ...
7:     # 値が設定された時の状態をQML側に伝えるシグナルインスタンス
8:     value_changed = Signal(int, int, int)
9:     ...
```

```
10:
11:     # QML側で扱う関数の設定
12:     # countdown開始
13:     @Slot()
14:     def start(self):
15:         self._timer.start_timer()
16:         # self.signal_timer_decremented()
17:
18:     # countdown停止
19:     @Slot()
20:     def stop(self):
21:         self._timer.stop_timer()
22:
23:     # QMLのプロパティーとしてcountを、Pythonオブジェクトにバインディングし、
24:     # 状態を伝えるシグナルをnotifyに設定する
25:     @Property(int, notify=value_changed)
26:     def count(self):
27:         return self._timer.get_count()
28:
29:     # countの読み出し処理
30:     @count.setter
31:     def set_count(self, cnt):
32:         self._timer.set_count(cnt)
33:         # 値が設定されたことを、int型のhh,mm,ssに変換して
34:         # シグナルで伝える
35:         # 時間
36:         hour = self.count // (60 * 60)
37:         # 分
38:         minute = self.count // 60
39:         # 秒
40:         second = self.count - (hour * 60 * 60) - (minute * 60)
41:         self.value_changed.emit(hour, minute, second)
42:
```

リスト6.29: QML - main.qml countDown プロパティー設定・参照

```
1: ApplicationWindow {
2: ・・・
3:     KitchenTimer {
4:         ・・・
5:         /* (>) ボタンクリックslot */
6:         setting.onSetClicked: {
```

第6章　GUIアプリケーションの作成　**111**

```
 7:          /* Python側 CountDownTimer クラスへカウントダウン値設定 */
 8:          countDown.count = kitchen_timer.hour * 60 * 60
 9:                          + kitchen_timer.min * 60
10:                          + kitchen_timer.sec
11:
12:          /* Python側 CountDownTimer クラスのカウントダウン開始 */
13:          countDown.start()
14:      }
15:      ・・・
16:      // Stopボタンクリックスロット
17:      execute.onStopClicked: {
18:          // カウントダウンの停止
19:          countDown.stop()
20:          ・・・
21:      }
22:    ・・・
23:    }
24: ・・・
25: }
```

6.3.2.2   Python側からのSignalとQML側のSlotを接続する

今回のキッチンタイマーアプリでは、1秒間隔でカウントダウンの時間をPython側からQML側に伝える必要があります。

通知をするには、Qtのシグナルとスロットの機能を使用します。Python側のconnect()メソッドで、PySide2.QtQml.QQmlApplicationEngine.rootObjects()から参照できるQMLオブジェクトを経由してQML側のスロットに接続するだけで通知が可能です。connec()の引数は次のとおりです。

```
connect(arg__1)
arg__1 ： QML側に接続するSlot JavaScriptメソッド
```

QMLとPython間での該当するコードを見ていきましょう

リスト6.30: Python - count_down_timer.py - class CountDownTimer シグナル部抜粋

```
1: ・・・
2: # QML側でQMLのタイプとしてアクセスするPythonクラス
3: class CountDownTimer(QObject):
4:     ・・・
5:     # 値が設定された時の状態をQML側に伝えるシグナルインスタンス
6:     value_changed = Signal(int, int, int)
7:     ・・・
```

リスト6.31: Python - main.py コネクト接続

```
 1: ・・・
 2: def main():
 3:     ・・・
 4:     engine = QQmlApplicationEngine()
 5:     ctimer = CountDownTimer()
 6:     ・・・
 7:     # 先頭のrootオブジェクト(Main.qml内のrootオブジェクト)を取得
 8:     root = engine.rootObjects()[0]
 9:     # Main.qml内のfunction updateCount(hour, minute, second)と接続
10:     ctimer.value_changed.connect(root.updateCount)
11:     ・・・
```

リスト6.32: QML - main.qml スロット接続部

```
 1: ApplicationWindow {
 2: ・・・
 3:     // Python側からのカウントダウン時間シグナルをうけるスロット関数
 4:     function updateCount(hour, minute, second) {
 5:         // カウントダウンの文字列を更新する
 6:         kitchen_timer.execute.label_time_count.text =
 7:                 ('00' + hour).slice( -2 ) + ":"
 8:                +('00' + minute).slice( -2 ) + ":"
 9:                +('00' + second).slice( -2 )
10:         ・・・
11:     }
12:     KitchenTimer {
13:         ・・・
```

6.3.2.3　QMLとPythonでの音楽再生制御連携

図6.27は音楽再生におけるQML〜Python間の連携図です。

第6章　GUIアプリケーションの作成 | 113

図 6.27: 音楽再生インターフェース

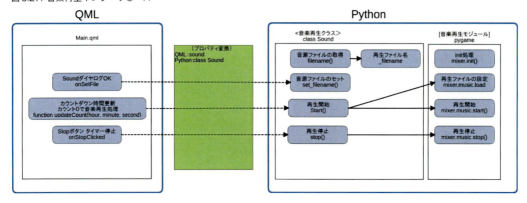

　QMLのボタン動作からPythonでの音楽再生処理を連携させる方法ですが、カウントダウン処理と同じくsetContextPropertyによりプロパティーバインディングし、QML側からPython側へ値を渡すことで可能です。

　音楽再生には、Pythonモジュールのpygameを使用しました。Anaconda Navigatorのコマンドプロンプトを実行させて、PyPIからインストールしてください。次のコマンドによりpipにてpygameのモジュールを取得することができます。

```
$ pip install pygame
```

　それでは、QMLとpygameを使用したPython間での該当するコードを見ていきましょう。

リスト 6.33: Python - main.py プロパティーの設定部抜粋

```
 1: ・・・
 2: def main():
 3:     ・・・
 4:     engine = QQmlApplicationEngine()
 5:     ・・・
 6:     csound = Sound()
 7:     ・・・
 8:     # Sound クラスを QML の sound としてバインディングする
 9:     engine.rootContext().setContextProperty("sound", csound)
10:     ・・・
```

リスト 6.34: Python -sound.py

```
1: from PySide2.QtCore import QObject, Property, Slot
2: import pygame
3:
4:
5: class Sound(QObject):
```

```
 6:    def __init__(self, parent=None):
 7:        QObject.__init__(self, parent)
 8:        self._filename = "../res/alarm.mp3"
 9:        # 音声を読み込んで再生するためのmixer初期化
10:        pygame.mixer.init()
11:        # デフォルト音声ファイルのload
12:        pygame.mixer.music.load(self._filename)
13:
14:    # QMLのプロパティーとしてtextを、Pythonオブジェクトにバインディングし、
15:    # 状態を伝えるシグナルをnotifyに設定する
16:    # 音声再生ファイルPath ＋ 名の取得
17:    @Property(str)
18:    def filename(self):
19:        return self._filename
20:
21:    # 音声再生ファイルPath ＋ 名の設定
22:    @filename.setter
23:    def set_filename(self, str):
24:        self._filename = str
25:
26:    # 音声再生
27:    @Slot()
28:    def start(self):
29:        pygame.mixer.music.load(self._filename)
30:        # 再生はloopで行う
31:        pygame.mixer.music.play(-1,0)
32:
33:    # 音声停止
34:    @Slot()
35:    def stop(self):
36:        pygame.mixer.music.stop()
```

リスト6.35: QML - main.qml sound プロパティー設定・参照

```
1: ApplicationWindow {
2: ・・・
3:     /* Python 側からのカウントダウン時間シグナルをうけるスロット関数 */
4:     function updateCount(hour, minute, second) {
5:         ・・・
6:
7:         /* 時間がカウントアップされた段階で、音声を再生 */
8:         if (hour === 0 && minute === 0 && second === 0) {
```

第6章　GUIアプリケーションの作成　115

```
 9:            console.log("Sound Start") // debugout
10:            /* Python側 SoundクラスのSound再生開始 */
11:            sound.start()
12:        }
13:    }
14:
15:    KitchenTimer {
16:        ・・・
17:        // Stopボタンクリックスロット
18:        execute.onStopClicked: {
19:            ・・・
20:            /* Python側 SoundクラスのSound再生停止 */
21:            sound.stop()
22:        }
23:
24:        /* Sound File Dialogファイル選択 スロット動作 */
25:        onSetFile: {
26:            console.log("Selected Sound file:", text)   // debugout
27:            /* Python側 Soundファイルの設定 */
28:            sound.filename = text
29:        }
30:    }
31: ・・・
32: }
```

6.4　まとめ

　いかがだったでしょうか？誌面の都合上、ポイントを絞ってキッチンタイマーアプリケーション作成の説明をしていきましたが、ずいぶん端折った所もあり、わかりにくい箇所もあったかもしれません。

　そんな時は、本書巻頭の「サンプルコード」のURLからコードをダウンロードして確認をしてもらうと理解が深まると思います。

　Pythonをすでにお使いで、Qt for Pythonを使っていこうとしている方以外にC++でQt開発経験もされている方であれば、C++からのバインディングのため、よく知ったAPIが感覚的にすぐに使えます。そのような方はスムーズにQt for Pythonをはじめることができるとおもいます。

　是非、本書をきっかけにQt for Pythonで遊んでみてください。

著者紹介

浅野 一雄 （あさの かずお）

普段は、組み込み機器の開発をしながら組み込まれまくっている名古屋近辺で働くサラリーマンエンジニア。Qt Champions 2018のひとり。個人的な活動の中に、日本Qtユーザー会名古屋勉強会の主催をしており月一ベースでもくもく会を企画している。https://qt-users.connpass.com/ で募集しているので是非参加してください。

◎本書スタッフ
アートディレクター/装丁：岡田章志＋GY
編集協力：飯嶋玲子
デジタル編集：栗原 翔

〈表紙イラスト〉
亀井芽衣（かめい めい）
会社員兼イラストレーター。同人の表紙絵やゲーム立ち絵等描いています。ごはんおいしい。Twitter: @ka_mayx2

技術の泉シリーズ・刊行によせて
技術者の知見のアウトプットである技術同人誌は、急速に認知度を高めています。インプレスR&Dは国内最大級の即売会「技術書典」(https://techbookfest.org/) で頒布された技術同人誌を底本とした商業書籍を2016年より刊行し、これらを中心とした『技術書典シリーズ』を展開してきました。2019年4月、より幅広い技術同人誌を対象とし、最新の知見を発信するために『技術の泉シリーズ』へリニューアルしました。今後は「技術書典」をはじめとした各種即売会や、勉強会・LT会などで頒布された技術同人誌を底本とした商業書籍を刊行し、技術同人誌の普及と発展に貢献することを目指します。エンジニアの"知の結晶"である技術同人誌の世界に、より多くの方が触れていただくきっかけになれば幸いです。

株式会社インプレスR&D
技術の泉シリーズ 編集長 山城 敬

●お断り
掲載したURLは2018年12月1日現在のものです。サイトの都合で変更されることがあります。また、電子版ではURLにハイパーリンクを設定していますが、端末やビューアー、リンク先のファイルタイプによっては表示されないことがあります。あらかじめご了承ください。
●本書の内容についてのお問い合わせ先
株式会社インプレスR&D　メール窓口
np-info@impress.co.jp
件名に「『本書名』問い合わせ係」と明記してお送りください。
電話やFAX、郵便でのご質問にはお答えできません。返信までには、しばらくお時間をいただく場合があります。
なお、本書の範囲を超えるご質問にはお答えしかねますので、あらかじめご了承ください。
また、本書の内容についてはNextPublishingオフィシャルWebサイトにて情報を公開しております。
https://nextpublishing.jp/

●落丁・乱丁本はお手数ですが、インプレスカスタマーセンターまでお送りください。送料弊社負担 にてお取り替え
させていただきます。但し、古書店で購入されたものについてはお取り替えできません。
■読者の窓口
インプレスカスタマーセンター
〒101-0051
東京都千代田区神田神保町一丁目105番地
TEL 03-6837-5016／FAX 03-6837-5023
info@impress.co.jp
■書店／販売店のご注文窓口
株式会社インプレス受注センター
TEL 048-449-8040／FAX 048-449-8041

技術の泉シリーズ

PythonでGUIをつくろう―はじめてのQt for Python

2019年1月18日　初版発行Ver.1.0（PDF版）
2019年4月5日　Ver.1.1

著　者　浅野 一雄
編集人　山城 敬
発行人　井芹 昌信
発　行　株式会社インプレスR&D
　　　　〒101-0051
　　　　東京都千代田区神田神保町一丁目105番地
　　　　https://nextpublishing.jp/
発　売　株式会社インプレス
　　　　〒101-0051　東京都千代田区神田神保町一丁目105番地

●本書は著作権法上の保護を受けています。本書の一部あるいは全部について株式会社インプレスR
＆Dから文書による許諾を得ずに、いかなる方法においても無断で複写、複製することは禁じられてい
ます。

©2019 Kazuo Asano. All rights reserved.
印刷・製本　京葉流通倉庫株式会社
Printed in Japan

ISBN978-4-8443-9877-6

●本書はNextPublishingメソッドによって発行されています。
NextPublishingメソッドは株式会社インプレスR&Dが開発した、電子書籍と印刷書籍を同時発行できる
デジタルファースト型の新出版方式です。https://nextpublishing.jp/